Jonathan Aaron Respecte
Sonia Sotallan
Gema Castro

Normas de Bioseguridad de Enfermería

Jonathan Aaron Respecte
Sonia Sotallan
Gema Castro

Normas de Bioseguridad de Enfermería

Aplicación de las normas de bioseguridad en Enfermería

Editorial Académica Española

Imprint
Any brand names and product names mentioned in this book are subject to trademark, brand or patent protection and are trademarks or registered trademarks of their respective holders. The use of brand names, product names, common names, trade names, product descriptions etc. even without a particular marking in this work is in no way to be construed to mean that such names may be regarded as unrestricted in respect of trademark and brand protection legislation and could thus be used by anyone.

Cover image: www.ingimage.com

Publisher:
Editorial Académica Española
is a trademark of
International Book Market Service Ltd., member of OmniScriptum Publishing Group
17 Meldrum Street, Beau Bassin 71504, Mauritius

Printed at: see last page
ISBN: 978-620-0-38417-1

Zugl. / Aprobado por: Es un manifiestosobre la aplicacion de Normas de Enfermeria aplicadas en Unidades de Cudados Críticos y los resultados de su aplicación que están ligados al grado de formación del profesional

Resumen

Tema: "Cumplimiento de normas de Bioseguridad de Enfermería"

Autores: Castro Barrera, Ana; Respecte, Jonathan Aarón; Sotallan, Yanina

Lugar: Unidad Coronaria y Unidad de Terapia Intensiva del Hospital Marcial V. Quiroga; San Juan, 2018.

Introducción: Las normas de bioseguridad representan la piedra angular en la atención. Dichas normas surgieron con la necesidad de controlar y prevenir el contagio de enfermedades infecto-contagiosas, las cuales cobraron mayor trascendencia con el surgimiento del virus de VIH. También denota todas aquellas normas, procedimientos y cuidados que se deben tener a la hora de brindar atención al paciente o al momento de manipular material contaminado.

El uso de normas efectivas de control y prevención así como las medidas de protección universal, permitirán evitar la contaminación cruzada entre pacientes, el personal de enfermería y viceversa

Objetivo: "Determinar que porcentaje de enfermeros hacen ejercicio de su profesión aplicando correctamente las normas de bioseguridad"

Método: es un estudio cuantitativo, descriptivo, transversal.

Resultados: los resultados mostraron que alto porcentaje de profesionales que fueron encuestados y se tomaron como muestra son Lic en Enfermería, y que estos junto a enfermeros profesionales mostraron efectivamente un alto acatamiento al uso correcto de las normas y/o barreras de bioseguridad.

Conclusión: se pudo determinar que el grado de formación profesional juega un rol indispensable y marca una tendencia respecto a la aplicación de las normas de bioseguridad y al conocimiento que se tiene sobre ellas.

Recomendaciones: detectado el problema, asegurar capacitaciones al personal de Enfermería con el único objetivo de reforzar los conocimientos que y se tienen, actualizar los nuevos hallazgos y establecer protocolos de funcionamiento de cada servicio, como también la revisión de protocolos institucionales.

Agradecimientos.

"En primer lugar a mi hijo Theo, que es el motor que me impulsa, a mis padres que me acompañan en cada momento y decisión que tomo. A mis compañeros de tesis por su apoyo y a mis profesores que siempre me impulsaron a seguir adelante".

Ana Gema Castro.

"A mi familia y mi pareja, que me acompañaron en todo el proceso y desde el inicio me inspiraron a continuar y culminar esta etapa de aprendizaje siempre alentándome a dar lo mejor de mí. A mis profesores que con paciencia y esmero me acompañaron en cada momento".

Jonathan A. Respecte

"Agradezco a mis padres, que desde algún lugar me guiaron y a mi hijo Santino que me dio la fuerza para continuar"

Yanina Sotallan

Prologo.

Durante los últimos meses se llevo a cabo el actual trabajo de investigación en el Hospital Marcial V. Quiroga, particularmente en los servicio de Unidad Coronaria y Unidad de Terapia Intensiva. Se pudo percibir, en relación al acatamiento o utilización de normas de bioseguridad por parte del equipo de Enfermería, que aún continúa siendo un interrogante el momento y tipo de barrera de bioseguridad aplicable a cada caso. Esta percepción permitió plantear en qué modo se debía abordar la problemática con la intención de identificar cual es la línea que enmarca o determina esta conducta. Es por ello que se decidió aplicar una encuesta con preguntas cerradas. Esta herramienta permitió obtener información que revelaba que gran cantidad de enfermeros solo aplicaban con efectividad algunas de las normas, otros las olvidaban o hacían mal uso o mal manejo de las mismas. Esta información que se obtuvo abrió un interrogante acerca de cuáles eran los motivos, situaciones que generaban esta conducta.

Por tal razón, se decidió preparar el presente trabajo con la finalidad de contribuir a identificar los errores y partiendo de ello hacer las propuestas suficientes con la finalidad de mejorar esta problemática.

ÍNDICE GENERAL.

RESUMEN..I

AGRADECIMIENTOS...III

PROLOGO...IV

INDICE GENERAL..V

CAPITULO I-DESCRIPCION DEL PROBLEMA

Descripción del problema...1

Formulación del problema..4

Objetivo del estudio...5

Justificación...6

Marco teórico...7

    a) Apartado I contexto histórico...9

    b) Apartado II concepto de bioseguridad.................................19

       Factores de riesgo y tipos..19

    c) Apartado III Normas Universales de Bioseguridad............. 33

    d) Apartado V aislamientos...54

CAPITULO II

    A) Diseño Metodológico...59

    B) Tipo de estudio..60

    C) Instrumento...61

    D)Operacionalizacion de las variables.....................................62

    E) Variable...63

    F) Procedimiento para obtención de datos.............................64

    G) Análisis e interpretación de datos......................................65

CAPITULO III RESULTADOS, DISCUSION Y PROPUESTAS

A) Resultados y discusión..76

B) Propuestas..77

C) Conclusión..78

BIBLIOGRAFÍA..79

ANEXOS..82

INDICE DE TABLAS Y GRAFICOS.

GRAFICO Nº1

Formación del personal de enfermería..66

GRAFICO Nº2

Conocimiento del personal sobre Normas de Bioseguridad..67

GRAFICO Nº 3.

Barreras químicas-lavado de manos..68

GRAFICO Nº4

Barreras físicas-guantes..69

GRAFICO Nº5

Barreras biológicas- inmunizaciones..70

GRAFICO Nº6

Manejo adecuado de residuos..71

GRAFICO Nº7

Conocimiento sobre la existencia de protocolos..73

GRAFICO Nº8

Preparación de Enfermería respecto a la utilización correcta de las normas..74

Capítulo I

Descripción del problema

Descripción del problema.

Esta investigación será realizará partiendo de la observación del personal de enfermería que cumple sus funciones en el servicio de unidad coronaria y unidad de cuidados Intensivos del Hospital Marcial Quiroga, provincia de San Juan.

En el presente se hará una descripción de situaciones que han sido observadas cotidianamente en la ejecución de tareas pertinentes al desempeño profesional del equipo de enfermería respecto al cumplimiento y uso oportuno y correcto de las normas de bioseguridad, frente a pacientes de alto riesgo. Esta descripción se brindará partiendo de la observación que se hará del equipo de enfermería del mencionado servicio.

La ejecución de tareas y desempeño profesional dignifica al hombre y a su vez permite su crecimiento, como así también pueden ocasionarle enfermedades y muerte bajo ciertas circunstancias. En estas circunstancias los enfermeros promueven el cuidado a los individuos enfermos, pero se ha observado que descuidan de su propia salud en el trabajo, se ven expuestos a diversas situaciones de potencial o real peligro para su salud como por ejemplo la manipulación inadecuada de agentes biológicos, químicos, materiales corto punzantes, líquidos orgánicos potencialmente infecciosos y transmisores de enfermedades infectocontagiosas como hepatitis B, C y VIH/SIDA. Accidentes laborales que se cree son resultado de la mala utilización de normas de bioseguridad tales como la inoculación de fluidos en mucosas (ojo) del enfermero que está ejecutando un procedimiento invasivo y que no utiliza gafas, guantes, barbijo, la deficiente manipulación de frascos o ampollas de medicamentos que al romperse provocan cortes en manos, otro ejemplo seria la punción accidental con objetos corto punzantes como agujas, bisturí, entre otros.

Frente a lo anteriormente descripto, y en vista a la aparente deficiencia en cuanto a conocimientos y destrezas en el manejo y utilización adecuada de normas de bioseguridad aplicables a cada situación que resguardan de peligros inminentes reales y potenciales al personal de enfermería, serviría de motivación suficiente para abordar el presente trabajo de investigación.

El conocimiento de los factores de riesgos laborales y normas de bioseguridad, son un pilar fundamental en la toma de decisiones apropiadas de prevención que trascienden en el trabajo sano y seguro que corresponde al bienestar físico, mental y social del equipo de salud.

Las condiciones de trabajo, manipulación y aplicación de normas de bioseguridad son un punto central. Un mal manejo de ellas puede tener riesgos potencialmente graves y consecuencias nocivas para la salud, ya que es parte del desempeño de los enfermeros. Es por ello la vital importancia que el personal de enfermería sea poseedor del conocimiento suficiente y adecuado a tal fin de lograr aplicar las normas de bioseguridad en el momento y caso adecuado para evitar sucesos imprevistos y dañinos, conocimiento imprescindible no solo para evitar como ya se ha mencionado daños así mismo en el desempeño de nuestro deber sino al paciente receptor de la atención.

En los últimos tiempos el concepto de calidad aplicado a los servicios de salud ha ganado cada vez más terreno, y enfermería juega un rol fundamental. Hoy se sabe que no se trata exclusivamente de poseer calidad técnica o intrínseca, sino de producir actos de calidad y que esta sea percibida por el usuario.

La calidad no constituye un término absoluto, sino que es un proceso de mejora continuo, es objetivable y mensurable y no depende de un grupo de personas, sino que involucra a toda la organización.

El desafío para enfermería es lograr evaluar la atención como proceso en su conjunto, de modo tal que pueda ser mensurable y comparado, que permita conformar estándares (normas de bioseguridad) para producir procesos de mejora continua. Para ello se necesita tener descriptas la medidas y procesos como protocolos de cuidados de la atención del paciente. Sin dudas esto constituye la calidad de los servicios. Es importante concientizar a los profesionales, no sólo de la importancia del concepto de calidad, sino del porqué. También conocer para qué se creó, qué persigue y cuál es su fin. Para ello es fundamental trabajar en equipo, así como incentivar la responsabilidad sobre los propios resultados, poder medirlos y mejorarlos.

Formulación del problema: ¿Qué conocimientos posee el personal de enfermería en la aplicación de normas de bioseguridad a los pacientes de Unidad de Terapia Intensiva del Hospital Marcial Quiroga durante el primer semestre del año 2018?

Objetivos del estudio.

Objetivo general: "Determinar qué porcentaje de enfermeros hacen ejercicio de su profesión aplicando correctamente las normas de bioseguridad"

Objetivos específicos:

Conocer la preparación de enfermería respecto a la utilización correcta de normas de bioseguridad en el servicio de UTI.

Registrar nivel de conocimientos respecto al uso correcto de normas de bioseguridad a pacientes de UTI.

Identificar criterios de enfermería para uso correcto y adecuado de normas de bioseguridad en el servicio de UTI.

Justificación.

De acuerdo con la problemática a la cual se expone a diario el personal de enfermería que cumple sus funciones en el servicio de Unidad de Terapia intensiva del Hospital Marcial Quiroga, se pretende que esta investigación ayude a definir funciones, criterios, las implicancias practicas y relevancia social, así como los riesgos reales y potenciales del mal uso o la no utilización de las normas de bioseguridad.

Partiendo de estos hechos consideramos la conveniencia del "porque" de esta investigación, la cual responde a la necesidad de cuantificar los factores que predisponen a la utilización incorrecta de las mencionadas normas y definir los riesgos de origen ocupacional a los que está expuesto el personal que cumple sus funciones como profesional en el servicio de UTI del mencionado nosocomio.

En cuanto a la conveniencia o para que de esta investigación, esta se llevará a cabo a fin de tomar medidas de índole educativo y preventivo, que tiendan a eliminar o corregir aquellos factores que significan un riesgo en la actualidad a aquellos que cumplen su labor en el servicio de UTI.

Así mismo apuntando a su relevancia social anhelamos que la culminación de este estudio nos abra las puertas al diseño de estrategias dirigidas a la corrección de situaciones de riesgo de la unidad antes mencionada y los riesgos o daños que puedan generar al personal que es objeto de estudio en este trabajo, obteniendo beneficios no solo al personal de enfermería, sino que también a los demás trabajadores equipo interdisciplinario, así como familiares de los trabajadores y la comunidad en general. Por todo lo anteriormente mencionado consideramos que el trabajo que nos proponemos a realizar esta plenamente justificado.

Marco Teórico.

Los riesgos laborales en las instituciones donde se prestan servicios de salud son cada día más numerosos, complejos y variados y en relación directa a la coexistencia del hombre/trabajador con virus, bacterias que mutan y provocan nuevas enfermedades de difícil identificación; aplicación y uso de distintos químicos y el avance tecnológico que crece exponencialmente y que en un proceso de adaptación de las personas al uso de estas nuevas tecnologías, manejo de aparato logia de vanguardia surgen situaciones que actúan en perjuicio del trabajador que se podría suponer se hallan directamente ligados al mal uso o manejo de estos recursos.

La relación entre salud y trabajo ha sido estudiado a lo largo de la historia desde múltiples perspectivas y visiones de abordaje, señalando el trabajo como ese factor fundamental de desarrollo y dignificación de la persona en la construcción de una sociedad sana y equilibrada y que el desempeño y ejecución del trabajo si no se realiza de manera adecuada supondría un riesgo real de daño que potencialmente representaría un daño a la salud del trabajador.

La revisión de la bibliografía representa uno de los pilares fundamentales para el desarrollo del actual trabajo de investigación ya que no solo permitirá profundizar y mejorar los conocimientos de la disciplina epidemiológica aplicados en el desempeño profesional de enfermería, sino que también permite definir las variables del estudio.

Para saber, a cerca del estudio de normas de bioseguridad, primero se definió el concepto por partes para luego tomar la definición del concepto globalmente y del cual se desprenden los pilares que sostienen y fundamentan la importancia de las normas de bioseguridad.

El estudio tendrá como objetivo la observación de la aplicación y acatamiento de las normas de bioseguridad en el personal de unidad de terapia intensiva del Hospital Marcial V. Quiroga, tomando como guíaelManual de Bioseguridad para Establecimientos de Salud – Capítulo 07 Normas y Recomendaciones De Bioseguridad En Áreas Críticas Y Salas De Internación General.

Apartado Nº I

Contexto histórico.

Contexto histórico.

Durante muchos años se trabajó en los laboratorios sin preocuparse por el contacto con material biológico, aun en áreas donde este tipo de material es el objeto del estudio y se realizan actividades que implican la propagación de los agentes de riesgo biológico. Sólo los microbiólogos seguían las Buenas Prácticas de Microbiología, en primer lugar con el fin de preservar sus cultivos y en segundo término preocupados por el operador. En la década de los 80, con la aparición del virus de la inmunodeficiencia humana, surgen el primer Manual de Bioseguridad del Centro de Control de Enfermedades (CDC) de los EE.UU.[1], el desarrollo de Normas de Bioseguridad de aplicación más generalizada y el concepto de las Precauciones Universales, el cual establece que se deben tratar todas las muestras por igual, se sepa o no si provienen de individuos con alguna infección.

Por otra parte, el desarrollo de la Ingeniería Genética generó en sus inicios una serie de planteos y temores acerca de las posibles consecuencias de esas manipulaciones que, luego del acuerdo alcanzado entre los científicos en la reunión multidisciplinaria de Asilomar en 1976[2], llevaron a las Recomendaciones de los Institutos Nacionales de Salud de los EE.UU.

(NIH) para el trabajo con ADN recombinante[3]. No obstante, ya existían diversas publicaciones acerca de las *infecciones adquiridas en el laboratorio*, conocidas por la sigla en inglés LAIs, que describían, como su nombre lo indica, casos en que trabajadores de laboratorio o de atención de salud se infectaban con diversos agentes durante el desarrollo de sus tareas[4,5]. Si bien existía, y aún existe, un subregistro de las LAIs, el hecho de que se produjeran motivó a los propios investigadores, altamente expuestos por realizar tareas que implican la multiplicación de los agentes biológicos y por manipular elevadas

---

1 Manual de Bioseguridad en el Laboratorio, 3ra edición; Organización Mundial de la Salud Ginebra Suiza, 2005.
2 Berg P. Meetings that changed the world: Asilomar 1975: DNA modification secured. *Nature* 2008.
3 NIH Guidelines for Research Involving Recombinant DNA Molecules.
4 Pike, R.M., Sulkin, S.E., Schulze, M.L. Continuing importance of laboratory acquired infections. *Am J Public Health* 1965; 55: 190-9.
5 Harrington, J.M., and Shannon, H.S. Incidence of tuberculosis, hepatitis, brucellosis and shigellosis in British medical laboratory workers. *Br Med J* 1976;1: 759-62.

concentraciones de los mismos, a requerir la confección de equipos de contención. Así surgieron en la década de los 70 las primeras cabinas de seguridad biológica. Muchas de las LAIs se originan en acontecimientos no detectados, es decir que no hay un derrame, una punción, u otro hecho puntual que permita establecer el momento y la forma de contacto. Sólo se ve el resultado a posteriori cuando se manifiestan síntomas de enfermedad. Si se trata de una infección subclínica sólo se detectará si se hace un control de rutina posterior o si existe un caso centinela que lleva a que se estudie al resto del personal del entorno laboral. Tanto en áreas de investigación como en áreas biomédicas y bioquímicas hay un marcado subregistro de accidentes laborales, en nuestro país y a nivel internacional. Así, por ejemplo, en 2007, la Universidad A&M de Texas, EE.UU., no notificó un accidente ocurrido en un laboratorio, en el cual una laboratorista se infectó con *Brucellamelitensis*, por lo cual recibieron severas penalidades, dado que se detectó además un segundo incidente no denunciado y que no se había informado la realización de ese tipo de experimentos[6]. En Argentina también son escasas las publicaciones

referidas a infecciones laborales[7,8]. Por otra parte, hoy en día el cumplimiento de normas de Seguridad y Bioseguridad es un requisito para la certificación de calidad, a la que aspiran por voluntad propia o necesidad laboral muchos laboratorios. En nuestro país la "cultura de la Bioseguridad", aunque ha avanzado en especial en los laboratorios de Salud Pública, aún no está instalada en muchos laboratorios de investigación. Numerosos investigadores están interesados exclusivamente en los datos resultantes de sus experimentos, sin considerar la forma en que éstos se realizan, en el sentido de que no generen riesgos de exposición a agentes biológicos u otros. Predomina la sensación de invulnerabilidad porque si algo siempre se hizo de un cierto modo, sin tener en cuenta las normas de Bioseguridad, y nunca pasó nada,

---

[6] Center for Infectious Disease, Research and Policy (CIDRAP). CDC details problems at Texas A&M biodefense lab. University of Minnesota 2007.
[7] Wallach JC, Ferrero MC, Delpino M, Fossati CA, Baldi PC. Occupational infection due to *Brucella abortus* S19 among workers involved in vaccine production in Argentina.

[8] Warley E, Desse J, Szyld E, et al. Exposición ocupacional a virus de hepatitis C. *Medicina (Buenos Aires)* 2006.

se considera que no generará problemas y que es correcto continuar haciéndolo de esa forma. Esta dificultad de modificar conductas es un obstáculo común a otros aspectos de la Seguridad. Sin embargo, cuando el jefe del laboratorio o el investigador responsable del proyecto actúa con convencimiento e incorpora las normas de Bioseguridad en forma natural a la metodología de trabajo, los demás integrantes del laboratorio tienden a aceptar con más facilidad ésta como la forma natural de trabajo. Más aún, si la Dirección del establecimiento está genuinamente comprometida con respetar estas Normas, se facilita enormemente la implementación. Por otra parte, condiciones de espacio insuficiente, alta carga de trabajo y sistemas de ventilación inadecuados en muchos de los laboratorios de investigación contribuyen a incrementar el riesgo y a la generación de accidentes. En las instituciones oficiales se han realizado avances en los últimos años respecto de Seguridad laboral en los ámbitos científicos, aunque aún queda un largo camino por recorrer. El CONICET incorporó un Especialista en Higiene y Seguridad en el Trabajo desde 2005, y en 2008 se aprobó la Resolución 1619 que implica la creación de Comités de Bioseguridad en los centros de investigación y adopta el Manual de Bioseguridad en el Laboratorio de la OMS hasta la sanción de una norma nacional al respecto. La Agencia Nacional de Promoción Científica y Tecnológica (ANPCyT) cuenta con la Unidad de Gestión Socio-Ambiental (UGSA) que también evalúa estos temas, y el Consejo Interuniversitario Nacional (CIN) realiza desde 2007 una reunión anual sobre temas de Seguridad, incluyendo Bioseguridad, y su implementación en los ámbitos universitarios. Es fundamental la incorporación de la enseñanza formal de Bioseguridad y Seguridad en los laboratorios como parte del programa de grado y postgrado en carreras de áreas biomédicas, bioquímicas y biológicas[9]. En la formación de pregrado se deben incluir nociones básicas de Seguridad y Bioseguridad al comienzo del dictado de las materias relacionadas. Aquellos que realizan estudios de postgrado necesitan profundizar los conocimientos para poder adquirir capacidad de hacer correctas

---

[9]Fink S, Stanganelli C, Tomio JM. Biosafety teaching to university graduates and students: our experience. Anais do IV CongressoAssociaçao Nacional de Biossegurança. OuroPreto, Brasil, Septiembre 2007.

evaluaciones de riesgo, con lo que podrán luego adoptar las prácticas de trabajo y medidas de contención adecuadas a cada caso específico en su tarea profesional. De hecho, en la Universidad Nacional de Rosario se ha incluido como obligatorio a partir de 2008 el curso de postgrado sobre Bioseguridad para todos los postgrados en Ciencias Biomédicas. Las pautas generales a aplicar son las descriptas en forma exhaustiva en el *Manual de Bioseguridad en el Laboratorio* de la OMS, o en el del CDC[10], o, más brevemente, en normas nacionales, como la del Ministerio de Salud referida a patógenos sanguíneos[11], o en Manuales como el de Diagnóstico de Tuberculosis de la Organización Panamericana de la Salud[12]. Sin embargo, cada laboratorio debe desarrollar normas específicas según el agente biológico con que trabaja o que pueda estar presente en el material de estudio, y según las prácticas que se realicen. Se deben tener en cuenta condiciones de ventilación, una distribución espacial de equipos y tareas que minimice los riesgos, así como el uso de elementos de protección personal y colectiva, tales como las cabinas de seguridad biológica. Muchas veces se argumenta la falta de recursos económicos para cumplir con las normas. Si bien esto es un problema real para algunos de los aspectos, la reorganización y modificación de conductas pueden implementarse sin mayores erogaciones. También deberían ser tenidos en cuenta los aspectos de seguridad al considerar los gastos del proyecto cuando se solicita un subsidio. Es primordial que todos los investigadores se acostumbren a incluir en los proyectos una evaluación de riesgo de la propuesta, tanto el que pueda representar para el propio investigador, como para sus colegas, el ambiente o la comunidad. Las áreas de la ciencia involucradas abarcan las áreas tradicionales, como las biomédicas y bioquímicas, y otras más nuevas como la biología sintética, para la que se han hecho extensivas las recomendaciones del NIH para el trabajo con ADN recombinante, la nanotecnología, para la que aún se están estudiando las medidas más adecuadas de protección, y también otras tales como

---

[10]Biosafety in Microbiological and Biomedical Laboratories Fifth Edition. CDC-NIH, Washington USA 2007.

[11]Normas de Bioseguridad para establecimientos de Salud. Ministerio de Salud 1995.

[12] Normas mínimas de bioseguridad. En: Manual para el diagnóstico bacteriológico de la tuberculosis. Normas y guía técnica. Parte 1 Baciloscopia. 2008. Anexo 1.pp 47- 50.

arqueología, espeleología, etc., que pueden llevar también a la exposición a agentes biológicos y químicos. Los agentes de riesgo biológico pueden ingresar al organismo por distintas vías: oral, respiratoria, cutánea, mucosas, en particular la conjuntiva. Estos agentes fueron clasificados por la OMS, a los fines del trabajo en laboratorios, en cuatro grupos de riesgo, correspondiendo el grupo 1 a los agentes de bajo riesgo individual y comunitario mientras que el grupo 4 es el de aquellos que presentan alto riesgo individual y comunitario. A su vez, se describen cuatro niveles de Bioseguridad (NB) para los laboratorios, que se definen en base al agente biológico presente y a los procedimientos que se realizan, estableciendo una combinación de prácticas, instalaciones y equipos de protección. Así, en NB1 se pueden manipular aquellos microorganismos que no producen, de acuerdo al conocimiento actual, enfermedad en individuos adultos sanos, utilizando buenas prácticas microbiológicas. En NB2 se pueden realizar algunas tareas sobre la mesada con elementos de protección personal y prácticas apropiadas, pero si el procedimiento involucra generación de aerosoles o salpicaduras, debe realizarse en una cabina de seguridad biológica (tipo II) y utilizar centrífugas con rotores cerrados. Los laboratorios de NB3 y NB4 son de contención por lo que se requieren barreras adicionales, acceso controlado estrictamente, renovación de aire y filtración del aire que sale, estricto manejo de los desechos. Es en estos laboratorios donde se trabaja con los agentes de riesgo más elevado y aquellos responsables de enfermedades emergentes, como el SARS. En Argentina existen varios laboratorios de NB3, siendo el más reciente el de la Administración Nacional de Laboratorios e Institutos de Salud (ANLIS) Dr. Carlos G. Malbrán. Los laboratorios de NB4 son de contención máxima, requieren un edificio separado con control muy estricto del acceso de personas y descontaminación del aire y los efluentes líquidos, y exigen condiciones de manipulación sin contacto con el material. No existen laboratorios de NB4 en Argentina y son pocos en el mundo. Luego de los acontecimientos del 11 de septiembre de 2001, los laboratorios de NB 3 y 4 se multiplicaron en los países más desarrollados, por un lado al generarse un creciente interés en investigación en biodefensa, pero también por la aparición de amenazas a la salud como el SARS y la influenza aviaria. Existe otro concepto emparentado con el de Bioseguridad, que es el denominado por la OMS Bioprotección (o Biocustodia), y se refiere a las medidas de protección de la institución y del personal destinadas a reducir el riesgo de pérdida, robo, uso incorrecto, desviaciones o liberación intencional de agentes biológicos o toxinas. Esto implica, además del cumplimiento de las Normas de Bioseguridad, tener control y registros sobre el uso y almacenamiento de agentes de riesgo biológico o toxinas que puedan ser utilizados para provocar algún tipo de daño a personas, al ambiente o a la economía de un país. Un creciente número de laboratorios de niveles de Bioseguridad elevados, 3 y 4, podría asociarse a posible mal empleo de los agentes de alto riesgo. Se ha dado el caso de dos laboratorios de nivel 4 terminados que no pudieron abrir sus puertas porque

la comunidad no lo permitió[13],[14]. En 2005, el Comité Nacional de Ética en la Ciencia y la Tecnología (CECTE) publicó un documento titulado *Informe y recomendaciones para la promulgación y adopción de códigos de conducta de científicos e instituciones en el marco de la Convención sobre la prohibición del desarrollo, la producción y el almacenamiento de armas bacteriológicas (biológicas) y toxínicas y sobre su destrucción*[15]. Al referirse a los investigadores, dice que los contenidos de los códigos deben contribuir a crear conciencia sobre la necesidad de asegurar condiciones de bioseguridad y aplicar códigos de prácticas especialmente destinados a respetar las normas fijadas a nivel internacional y regional; permitir auditorías de instituciones como la OMS u otra entidad internacional, tanto a los laboratorios como a los resultados de los proyectos, y controlar que el ingreso de todo material biológico se realice respetando la legislación local

e internacional. Algunos sucesos tales como el accidente ocurrido en la Universidad de Río Cuarto en diciembre de 2007, en el que fallecieron 6 personas por la

---

13 Boston site. MIT Security Studies Program.
14 Löfstedt R. Good and bad examples of siting and building biosafety level 4 laboratories: a study of Winnipeg, Galveston and Etobicoke. *J Hazard Mater* 2002; 93: 47-66.
15Comité Nacional de Etica en la Ciencia y la Tecnología (CECTE). Códigos de conducta de científicos e instituciones, Convención sobre la Prohibición de Armas Bacteriológicas y Toxínicas. 2005.

explosión e incendio de tambores de hexano en una planta piloto, pueden marcar un antes y un después en los hábitos de trabajo y conductas de los investigadores. La pandemia de influenza A H1N1, ha puesto en evidencia la necesidad de respetar algunas de las premisas de Bioseguridad que deberían aplicarse siempre, como hábitos de higiene en general y en

particular en el trabajo de laboratorio[16]. Con excepción de los accidentes con elementos punzo-cortantes, la exposición a agentes biológicos generalmente no es percibida en el momento que ocurre, pero puede afectar tanto la salud del trabajador como la de sus compañeros, e inclusive la de la comunidad. La Asamblea General de la OMS emitió en mayo de 2005 la Resolución WHA 58.29 urgiendo a los estados miembros a incrementar la Bioseguridad en los laboratorios[17]. Considera que así se promueve la salud pública global. Así como se exige la revisión por Comités de Ética o Bioética de todos los proyectos que involucran trabajo con material humano o animal o que generan modificaciones genéticas; de manera análoga se requiere en los países del primer mundo la aprobación de los Comités de Bioseguridad para todos aquellos proyectos que puedan implicar la exposición a riesgo biológico. Esto incluye aspectos tales como la consideración de la aptitud de la infraestructura física y de equipamiento de los lugares propuestos para

desarrollar tales proyectos. Entonces, en todos los ámbitos de atención de salud humana y animal y de investigación deben respetarse normas de Bioseguridad y realizar prácticas seguras para disminuir la potencial exposición a riesgo de tipo biológico. Más allá de los casos notificados o registrados, se tiene conocimiento de incidentes con exposición a agentes biológicos a través de comunicaciones personales, relatos de terceros o comentarios diversos. Esto sustenta la necesidad de compromiso de todos los participantes para evitar que se sigan produciendo. Por todo lo presentado es fundamental que se dé cumplimiento a lo propuesto por el CECTE y que todos los investigadores

---

[16]Pittet D, Allegranzi B, Boyce J; World Health Organization. World Alliance for Patient Safety First Global Patient. Safety Challenge Core Group of Experts 2009. The World Health Organization Guidelines on Hand Hygiene in Health Care and their consensus recommendations. *Infect Control Hosp Epidemiol.* 2009; 30: 611-22.
[17] Enhancement of laboratory Biosafety. 2005. Fifty eight World Health Assembly.

asuman su responsabilidad y aquellos que encabezan grupos asuman también su liderazgo en la implementación de prácticas de trabajo seguras en sus laboratorios y respeten y hagan respetar las normas de Bioseguridad. Como ya se mencionó, se trata de un asunto considerado por la OMS materia de Salud Pública que contribuye además a la calidad del trabajo y a la calidad y confiabilidad de los resultados.

EL MODELO DE DOROTHEA OREM. DATOS BIOGRÁFICOS

Dorothea E. Orem nace BalDmore, Myreland, en 1914

Cursa sus estudios de Enfermería con las Hermanas de la

Caridad en la E.E. del Hospital de la Providencia en Washington D.C., graduándose en 1930.

En 1939, en la Universidad Católica de América recibe el

B.S.N.E. En la misma Universidad en 1946 obDene el M.S.N.E. La experiencia profesional en el área asistencial la desarrolló, en el servicio privado, en las unidades de pediatría, y adultos, siendo además supervisora de noche en Urgencias.

Orem expone que ningún líder en Enfermería ha tenido una influencia directa en su trabajo, han sido las experiencias de muchas enfermeras y la suya propia a lo largo de los años de trabajo. Entre las autoras a las que hace referencia se encuentran: Nightingale; Peplau; Rogers; Roy; Orlando, etc.

La visión filosófica del Modelo la identifica como una visión de realismo moderado que fue descrita por Wallace Bamfield, quién describe la visión de los seres humanos como

"seres dinámicos, unitarios, que viven en sus entornos, que están en procesos de conversión y que poseen libre voluntad así como, otras cualidades humanas esenciales".

• Teoría del Auto cuidado.- Describe el porqué y el cómo las personas cuidan de sí mismas.

• Teoría de Déficit de Auto cuidado.- Describe y explica cómo pueden ayudar a las personas, los profesionales de Enfermería.

• Teoría de Sistemas.- Describe y explica las relaciones que hay que mantener para que se produzca la Enfermería.

AUTOCUIDADO.- La práctica de actividades que realizan las personas maduras o que están madurando, durante determinados períodos de tiempo, por sí mismas, con el interés de mantener un funcionamiento vivo y sano, continuando con el desarrollo personal y el bienestar.

REQUISITOS DE AUTOCUIDADO.- Se trata de un consejo formulado y expreso sobre las acciones que deben llevar a cabo puesto que, se consideran necesarias para regular los aspectos del funcionamiento y desarrollo humano, de forma continua o en condiciones específicas.

Apartado II.

Conceptos de bioseguridad

Factores de riesgo. Tipos[18].

[18]Manual de Bioseguridad en el Laboratorio, 3ra edición; Organización Mundial de la Salud Ginebra Suiza, 2005.

Bioseguridad (seguridad biológica): "es el término utilizado para referirse a los principios, técnicas, y practicas aplicadas con el fin de evitar la exposición no intencionada a patógenos y toxinas, o su liberación accidental".[19]

Según la OMS (2005): "es un conjunto de normas y medidas para proteger la salud del personal frente a riesgos biológicos, químicos y físicos a los que está expuesto en el desempeño de sus funciones, también a los pacientes y al medio ambiente".

La analizamos como conducta, como una integración de conocimientos, hábitos, comportamientos y sentimientos, que deben ser incorporados al personal del área de salud, para que el desarrolle de forma segura su actividad profesional.

Clasificación de microorganismos infecciosos por grupos de riesgo.

Grupos de riesgo 1(riesgo individual o poblacional escaso o nulo)

Microorganismos que tienen pocas probabilidades de provocar enfermedad en animales o humanos.

Grupos de riesgo 2 (riesgo individual moderado, riesgo poblacional bajo)

Agentes patógenos que pueden provocar enfermedades humanas o animales pero que tienen pocas probabilidades de entrañar un riesgo grave para el personal del laboratorio, la población, el ganado o el medio ambiente. La exposición en el laboratorio puede provocar una infección grave, pero existen medidas preventivas y terapéuticas eficaces y el riesgo de propagación es limitado.

Grupos de riesgo 3 (riesgo personal elevado, riesgo poblacional bajo)

---

[19]Manual de Bioseguridad en el Laboratorio, 3ra edición; Organización Mundial de la Salud Ginebra Suiza, 2005.

Agentes patógenos que suelen provocar enfermedades humanas o animales graves, pero que de ordinario no se propagan de un individuo a otro. Existen medidas preventivas y terapéuticas eficaces.

Grupos de riesgo 4 (riesgo personal y poblacional elevados)

Agentes patógenos que suelen provocar enfermedades graves en el ser humano y animales y que se transmiten fácilmente de un individuo a otro, directa o indirectamente. Normalmente no existen medidas terapéuticas o preventivas eficaces.

Principios de la bioseguridad[20]:

a) **Universalidad:** las medidas deben involucrar a todos los pacientes de todos los servicios. Todo el personal debe cumplir las precauciones estándares rutinariamente para prevenir la exposición que pueda dar origen a enfermedades y/o accidentes.

b) **Uso de barreras**: Comprende el concepto de evitar la exposición directa a sangre y otros luidos orgánicos potencialmente contaminantes, mediante la utilización de materiales adecuados que se interpongan al contacto con los mismos.

c) **Medidas de eliminación de material contaminado**: comprende el conjunto de dispositivos y procedimientos adecuados, a través de los cuales los materiales utilizados en la atención a pacientes, son depositados y eliminados sin riesgo.

d) **Factores de riesgo de transmisión de agentes patógenos**:
   -Prevalencia de la infección en una población determinada. -Concentración del agente infeccioso.
   -Virulencia.
   -Tipo de exposición.

Riesgo biológico.

El riesgo biológico es el derivado de la exposición a agentes biológicos. Es importante destacar que esta exposición se manifiesta de manera directa o indirecta.

La forma directa se origina cuando el personal manipula directamente agentes biológicos a través de las técnicas o procedimientos establecidos. Como resultado de esta interacción, se libera al medio ambiente cierta cantidad de agentes biológicos, ya sea por la ejecución de tales procedimientos, por la ocurrencia de algún accidente o por la evacuación de desechos contaminados tratados inadecuadamente para el caso de la comunidad, y así se presenta la forma indirecta de exposición 8.

Los riesgos primarios del personal que labora con agentes biológicos están relacionados con exposiciones accidentales de membranas mucosas, percutáneas o por ingestión de materiales infecciosos. Las exposiciones ocurren por pinchazos con agujas u otros objetos filosos contaminados con sangre infectada, o por contacto de los ojos, boca, nariz o piel con la sangre del paciente infectado.

Después de una exposición, el riesgo de infección depende de factores tales como:

Patógeno implicado.

Tipo de exposición.

La cantidad de sangre en la exposición.

La dosis infectante.

Material Biológico:

Organismos patógenos (virus, bacterias, hongos y parásitos)

Tejidos y fluidos de organismos vivientes que porten o puedan portar ese material.

Para trabajar con material biológico deben utilizarse medidas de seguridad adecuadas a sus características, al tipo de trabajo que se realizará y a las vías de exposición. Surgen por esto los niveles de bioseguridad.

Niveles de bioseguridad.

- Son una combinación de prácticas y técnicas de laboratorio, equipos de seguridad e instalaciones específicas para cada situación.
- Estos niveles de bioseguridad constituyen las condiciones bajo las cuales se puede trabajar en forma segura con ese agente de tipo biológico.

Nivel de Bioseguridad I

Los equipos de seguridad y las instalaciones son adecuados para trabajar con microorganismos que no se conocen como generadores sistemáticos de enfermedades en humanos adultos sanos. El trabajo es generalmente realizado sobre mesadas abiertas y no se requiere equipamiento de contención ni diseño especial de infraestructura. Ej.: Bacillussubtillis, E. coli, lacto bacilos, Naegleria, guberi, Bacilluscereus.

Nivel de Bioseguridad II

 Se usa en trabajos que involucran agentes de riesgo potencial moderado para el personal y el medio ambiente. El tipo de agente con el que se trabaja puede causar enfermedades graves, pero solo se transmite por vía sanguínea, no inhalatoria. Se toman precauciones extremas con elementos cortantes contaminados y ciertos procedimientos se llevan a cabo en gabinetes de seguridad biológica o en otros equipos de contención física. Ej.: adenovirus, herpes virus, coronavirus, etc.

Nivel de Bioseguridad III

Se aplica en laboratorios donde se llevan a cabo trabajos con agentes exóticos que pueden producir una enfermedad grave o potencialmente letal como resultado de la exposición por vía de inhalación. Todos los procedimientos que involucren la manipulación de materiales infecciosos se realizan dentro de gabinetes de bioseguridad u otros dispositivos de contención física. El personal debe llevar ropa adecuada. El laboratorio tiene características de diseño e ingeniería especiales para la contención. Es necesario el tratamiento de los efluentes líquidos. Se debe filtrar el aire extraído del laboratorio. Ej.: Bacillusanthracis, M. leprae y M. tuberculosis.

Nivel de Bioseguridad IV

Se usa para trabajar con agentes peligrosos y exóticos que poseen un riesgo alto de producir infecciones letales, transmitidas por aerosoles y para las que actualmente no se cuenta con vacunas ni tratamiento. El acceso al laboratorio es controlado estrictamente. El establecimiento se encuentra en un edificio separado o en un área controlada y aislada dentro de un edificio. Se aplican las normas de máxima seguridad. Ej: Fiebres hemorrágicas: Junín, Ébola, etc.

Riesgo químico[21].

El grupo de factores de riesgo químico lo componen todas aquellas sustancias químicas que en condiciones normales de manejo pueden producir efectos nocivos en las personas expuestas.

Clasificación I:

Por su estado físico:

> Sólidos, polvos, humos

> Líquidos, vapores, rocíos, neblinas

> Gaseosos

---

[21]Manual de Bioseguridad en el Laboratorio, 3ra edición; Organización Mundial de la Salud Ginebra Suiza, 2005.

Clasificación II:

Por su origen:

> Orgánicos

> Inorgánicos

Clasificación III:

Según las Naciones Unidas (para el transporte):

I. Explosivos.
II. Gases comprimidos, licuados, disueltos o condensados bajo presión.
III. Líquidos fácilmente inflamables.
IV. Sólidos fácilmente inflamables.
V. Sustancias oxidantes peróxidos orgánicos.
VI. Sustancias toxicas e infecciosas.
VII. Material radiactivo.
VIII. Corrosivos.
IX. Otras sustancias peligrosas.

Clasificación IV.

Por sus efectos en la salud.

> Corrosivos

> Irritantes

> Sensibilizantes

> Asfixiantes

> Productores de neumoconiosis

> Tóxicos sistémicos

> Tóxicos reproductivos

> Cancerígenos

Identificación de situaciones de riesgo.

Estas se pueden definir a través del desarrollo de un diagrama de flujo en el cual se evidenciaran los distintos procesos relacionados con la actividad económica de la unidad.

De igual manera se relacionara con la ubicación espacial dentro de las instalaciones para poder valorar las condiciones en las cuales se desarrollan estas actividades donde intervienen estos elementos con riesgos químicos.

Identificación de los riesgos.

Una vez has identificado dónde están los problemas, cuáles son las sustancias peligrosas implicadas y qué peligros representan, ya definidas las condiciones y sustancias debemos detenernos en las siguientes definiciones.

> **Peligro:** es una propiedad o característica de una sustancia que puede ocasionar daños.

> **Riesgo:** es la probabilidad de que esa sustancia acabe ocasionando daños en unas determinadas condiciones de trabajo o usos.

Condiciones que más suelen influir en la generación de riesgos químicos.

> La organización del trabajo y el ritmo de trabajo: la experiencia nos dice que son dos de las condiciones que más influencia tienen en la generación del riesgo químico, por ser causantes de muchos accidentes y sobreexposiciones innecesarias.

> La existencia de condiciones personales especiales: personas muy jóvenes o mayores, mujeres en período de embarazo o lactancia, personas sensibles o con condiciones de salud precarias.

> La falta de información de los trabajadores sobre los productos que manejan o la falta de formación adecuada sobre riesgo químico.

> La existencia o no de medidas de control de la exposición laboral y ambiental eficaces.

RIESGO FÍSICO[22]

Está relacionado con factores ambientales y depende de las características físicas de los objetos que pueden actuar sobre los tejidos y órganos de las personas produciendo un efecto nocivo.

Ejemplos de estos factores ambientales son:

> La carga física

> El ruido

> La iluminación

> Las radiaciones

> La temperatura

> Las vibraciones

Ejemplos de Riesgo Físico:

> Riesgo eléctrico

> Riesgo de incendio

Ejemplos de Riesgo Físico: Riesgo Eléctrico

Todo aquel asociado a la electricidad y al uso de aparatos eléctricos.

Es imprescindible concientizarse del riesgo que tiene la corriente eléctrica, ya que es la causa de los accidentes más graves, en muchos casos mortales.

Algunas medidas de protección contra el riesgo eléctrico:

Hacer la conexión a tierra de los equipos (aparatos)

Usar transformadores y disyuntores seguros

Puesta a tierra en todos los equipos

---

[22]Manual de Bioseguridad en el Laboratorio, 3ra edición; Organización Mundial de la Salud Ginebra Suiza, 2005.

No tocar elementos eléctricos con las manos húmedas (y en lo posible no tocarlos. Si están enchufados se encuentran bajo tensión eléctrica)

Verificar el correcto funcionamiento de un equipo antes de utilizarlo

Asegurarse que el uso que le va a dar al equipo es el correcto.

Evitar sobrecargar las líneas eléctricas con zapatillas y triples.

Evitar el uso de adaptadores en los enchufes y las conexiones caseras

Controlar la integridad de fichas y cables antes de conectarlos

Evaluación del riesgo.

El objetivo de una institución laboral debe ser salvaguardar la seguridad y salud de todos y cada uno de os trabajadores y garantizar que las condiciones de trabajo no supongan una amenaza significativa. Este objetivo solo podrá lograrse por medio de la actividad preventiva, que debe desarrollarse mediante los principios generales de eludir los riesgos y evaluar aquellos que no se puedan evitar.

La evaluación de riesgos laborales es el proceso dirigido a estimar la magnitud de aquellos riesgos que no hayan podido evitarse, y obtener la información necesaria apoyándose en técnicas novedosas para que los niveles jerárquicos del sistema de salud estén en condiciones de tomar decisiones apropiadas sobre la necesidad de adoptar medidas preventivas con el objetivo de reducir o eliminar los accidentes, averías, entre otros.

Gestión de riesgos.

La gestión de riesgos es un componente esencial para el proceso de análisis de los riesgos, y tiene como objetivo aplicar las medidas más adecuadas para prevenir y reducir fundamentalmente los riesgos identificados en el proceso de evaluación y mitigar con un costo bajo para garantizar que el uso y la manipulación de los organismos

durante la investigación, desarrollo, producción y liberación sean
seguros para la salud del hombre y medio ambiente.

La gestión de los riesgos se apoya fundamentalmente en:

El conocimiento e identificación de los riesgos y condiciones
adversas de trabajo, determinados en la evaluación de los
riesgos. Si un riesgo no es identificado, no se pueden
desarrollar medidas de gestión de riesgos.

El desarrollo e implementación de medidas técnicas y
organizativas, que deben ser proporcionales al riesgo
determinado.

**Para lograr la prevención de los riesgos que es un principio
fundamental en el proceso de gestión de los riesgos se debe:**

Lograr eliminar, suprimir o sustituir los factores de riesgo
identificados en la evaluación de riesgo.

Distanciar al hombre de los factores de riesgos identificados.

Por lo tanto las medidas a desarrollar pueden ser:

Medidas de eliminación de los riesgos.

Medidas de reducción de los riesgos.

Medidas de sustitución de los riesgos.

Riesgo biológico en el personal de centros Hospitalarios.[23]

La actividad hemisférica iniciada con la Cumbre de las Américas (Miami, 1994),
reconoce la importancia de la salud de los trabajadores, lo cual ha sido
preocupación creciente de muchos países y organismos internacionales,
incluyendo las Organizaciones Mundial y Panamericana de la Salud (OMS y
OPS, respectivamente). Esta preocupación se intensificó particularmente
después de la preconización del modelo de desarrollo sostenible como medio
para satisfacer las necesidades básicas, mejorar las condiciones de vida para

---

[23]Primera Cumbre de las Américas, Miami, Florida, 9 al 11 de diciembre de 1994

todos, proteger mejor los ecosistemas y asegurar un futuro más seguro y próspero.

Actualmente estas organizaciones (OMS y OPS) han renovado su compromiso con la salud, logrando un enfoque más amplio al garantizar su participación en la búsqueda de un mayor consenso internacional para enfrentar los desafíos de salud.

Las personas que están expuestas a agentes infecciosos o materiales que los puedan contener, deben estar conscientes de los peligros potenciales que esto implica, y deben recibir una sólida formación en el dominio de las prácticas requeridas para el manejo seguro de materiales peligrosos 7. Numerosas enfermedades infecciosas emergentes o re emergentes como la tuberculosis, se encuentran en expansión creciente, algunas en proporciones epidémicas, con peligro potencial de ser transmitidas al personal sanitario, y otras que se presentan como oportunistas en pacientes con enfermedades crónicas, a cuya influencia no escapa el trabajador de la salud. Existen evidencias epidemiológicas en Canadá, Japón y Estados Unidos de que la inquietud principal respecto a los desechos infecciosos de los hospitales la constituye la transmisión del virus de la Inmunodeficiencia Humana (VIH) y, con mayor frecuencia, los virus de las Hepatitis B y C, a través de lesiones causadas por agujas contaminadas con sangre humana. El grupo más expuesto es el de los enfermeros, el personal de laboratorio y los auxiliares. El Síndrome de la Inmunodeficiencia Adquirida (SIDA) y las Hepatitis B y C merecen la más seria consideración de los trabajadores que están expuestos a la sangre, a otros materiales potencialmente infecciosos u otros ciertos tipos de

líquidos corporales que pueden contener estos patógenos. Esta exposición puede ocurrir de diversas maneras. Aunque las heridas y pinchazos con agujas son las formas más comunes de exposición, también pueden ser transmitidos a través del contacto con membranas mucosas y por

la piel dañada 19. Para el personal sanitario, el riesgo de adquirir una infección por VIH o por uno de los virus de las Hepatitis en su puesto de trabajo, es proporcional a la prevalencia de estas infecciones en los pacientes que atienden, al tipo de actividad y a la posibilidad de sufrir inoculaciones accidentales 17. En su Informe sobre la Salud del Mundo del 2004, la OMS plantea que hacer frente con eficacia al VIH/SIDA, constituye hoy el reto más urgente para la salud pública. También señala que, desconocida hasta hace un cuarto de siglo, la enfermedad es ya la principal causa de defunción en el mundo. Se estima que hay unos 40 millones de personas afectadas, y en el año 2003, 3 millones fallecieron por esa causa y otros 5 millones se vieron afectados por el virus. Y más adelante deja bien claro que remediar esa situación es tanto una obligación ética como una necesidad de salud 18.

Importancia de la bioseguridad en los centros Hospitalarios.[24]

Los asuntos de seguridad y salud pueden ser atendidos de la manera más convincente en el entorno de un programa completo de prevención que tome en cuenta todos los aspectos del ambiente de trabajo, que cuente con la participación de los trabajadores y con el compromiso de la gerencia. La aplicación de los controles de ingeniería, la modificación de las prácticas peligrosas de trabajo, los cambios administrativos, la educación y concienciación sobre la seguridad, son aspectos muy importantes de un programa amplio de prevención, que deben cumplirse con un diseño adecuado de la instalación, así como con equipos de seguridad necesarios 9,19. La Agencia de Seguridad y Salud Ocupacional de los Estados Unidos (OSHA), reconoce la necesidad de un reglamento que prescriba las medidas de seguridad para proteger a los trabajadores de los peligros contra la salud relacionados con los patógenos transmitidos por la sangre.

Vías de transmisión de enfermedades.[25]

Cada agente, de acuerdo con sus características, utiliza una o varias de las siguientes vías de entrada al organismo para su transmisión 16:

Parenteral: a través de discontinuidades en la barrera que constituye la piel.

---

[24]Manual de Bioseguridad en el Laboratorio, 3ra edición; Organización Mundial de la Salud Ginebra Suiza, 2005.
[25]Manual de Bioseguridad en el Laboratorio, 3ra edición; Organización Mundial de la Salud Ginebra Suiza, 2005.

Aérea: por inhalación a través de la boca o la nariz de aquellos agentes que se pueden presentar en suspensión en el aire formando aerosoles contaminados.

Dérmica: por contacto de la piel o mucosas con los agentes implicados.

Digestiva: por ingestión, asociada a malos hábitos higiénicos fundamentalmente.

El Centro para el Control de las Enfermedades de Atlanta en los Estados Unidos de América (CDC), en la cuarta edición de su Manual de Bioseguridad, plantea que cada centro está obligado a desarrollar o adoptar un manual de operaciones o de bioseguridad que identifique los riesgos que se encontrarán o que puedan producirse, y especifique los procedimientos destinados a minimizar o eliminar las exposiciones a estos riesgos. En Cuba, centros de salud del polo científico han trabajado fuertemente en el frente de la seguridad biológica; sin embargo, otras instituciones hospitalarias aún carecen de documentos regulatorios suficientes y de medios necesarios para ofrecer un trabajo sistemático en este sentido.

Apartado N° III

Normas Universales de Bioseguridad.[26]

---

[26]Manual de Bioseguridad en el Laboratorio, 3ra edición; Organización Mundial de la Salud Ginebra Suiza, 2005.

Barreras de protección primaria:

❖ Guantes

❖ Guardapolvo

❖ Calzado cerrado

❖ Gafas o mascaras si es necesario (de preferencia, no usar lentes de contacto en el laboratorio, aun con protección ocular)

❖ Cabello recogido

Normas universales de bioseguridad

❖ Acceso limitado al laboratorio

❖ No beber, comer, fumar, manipular lentes de contacto ni aplicarse cosméticos dentro del laboratorio.

❖ No pipetear con la boca

❖ No oler los reactivos y materiales

❖ No tocar los materiales y reactivos sin guantes

❖ Colocar los residuos en los recipientes designados a tal fin

❖ No usar las batas o guardapolvos de trabajo fuera del laboratorio

❖ Descontaminar las mesadas al finalizar el trabajo del día y cada vez que derrame material químico o biológico

❖ Colocar los residuos en los recipientes designados a tal fin

❖ Lavarse las manos luego de manipular cualquier tipo de material, después de sacarse los guantes y antes de abandonar el laboratorio.

❖ No trabajar solo en el laboratorio, cerciorarse de la presencia de otra/s personas en el servicio.

❖ No utilizar las mismas heladeras ni mesas para reactivos y muestras que para los alimentos

❖ Colocar carteles indicadores de riesgo en lugares claramente visibles.

Para trabajar en un área hospitalaria debemos:

✓ Usar elementos de protección primaria

✓ Conocer las propiedades y peligros asociados a las sustancias químicas

✓ Ubicar donde se encuentran los elementos de primeros auxilios y las salidas de emergencia

✓ Realizar un correcto almacenamiento y disposición final de sustancias químicas

✓ Trabajar de manera ordenada

NORMAS Y RECOMENDACIONES DE BIOSEGURIDAD EN AREAS CRÍTICAS Y SALAS DE INTERNACION GENERAL[27]

Estas normas y recomendaciones aplican a las Áreas Criticas (Unidades de Cuidados críticos adultos y pediátricos, Recuperación Cardiovascular, Unidad Coronaria, Hemodiálisis, Quirófanos, Sala de partos, Neonatología, Guardia) y No criticas como salas de internación general.

A continuación, se detallan: Normas De Prevención para Sonda Vesical, Accesos Vasculares, Asistencia Respiratoria Mecánica y Herida Quirúrgica.

Normas de Bioseguridad en quirófanos y Salas de Partos.

El **CDC** (Centro de control de Enfermedades de Atlanta) HICPAC para la categorización de recomendaciones

Categoría IA: Fuertemente recomendada para implementación y fuertemente apoyada por estudios experimentales, clínicos o epidemiológicos bien diseñados.

Categoría IB: Fuertemente recomendada para implementación y apoyada por algunos estudios experimentales, clínicos o epidemiológicos y una fuerte racionalidad teórica.

---

[27] Manual de Bioseguridad para Establecimientos de Salud – Capítulo 07 Normas y Recomendaciones De Bioseguridad En Áreas Críticas Y Salas De Internación General, 31 deOctubre, 2014.

Categoría IC: Requerida por regulaciones, normas o estándares estatales o federales.

Categoría II: Sugerida para implementación y apoyada por estudios sugestivos clínicos o epidemiológicos o una racionalidad teórica.

Estudios sin resolver: Representa estudios en los cuales la evidencia es insuficiente o no hay consenso con respecto a la eficacia.

Categorización de las recomendaciones en control de infecciones

Las recomendaciones se categorizan sobre la base de datos científicos existentes, investigaciones teórico-prácticas, su aplicabilidad y su posible impacto económico.

Categoría A

Es una recomendación o medida de prevención y control indicada para todos los hospitales, pues está sustentada en estudios experimentales epidemiológicos científicamente realizados.

Categoría B

Es una recomendación o medida de prevención y control indicada para todos los hospitales, debido a que cuenta con una efectiva aceptación por parte de expertos en ese campo y está sustentada en sólidas y sugestivas evidencias científicas, aunque los estudios científicos definitivos aún no hayan sido realizados.

Categoría C

Es una recomendación o medida de prevención y control indicada para que sea implementada en algunos hospitales. La recomendación está sustentada por estudios clínicos sugerentes o estudios epidemiológicos, tiene sólidas bases científicas, pero los mismos estudios indican que son aplicables solo en algunos hospitales y no en todos.

Categoría D

En esta categoría se incluyen aquellas prácticas que son fuente de continuo debate, ya que la evidencia científica no es suficiente y hacen falta más estudios para considerarlas indicaciones definitivas.

RECOMENDACIONES/NORMAS DE PREVENCIÓN DE INFECCIÓN URINARIA POR SONDA VESICAL[28]

Objetivo:

Reducir el riesgo de desarrollar infecciones asociadas a catéteres vesicales en Áreas Críticas y Salas de Internación.

I. Educación y entrenamiento

Educar al personal de la salud involucrado en la colocación, cuidado y mantenimiento de los catéteres vesicales, sobre la prevención de las infecciones urinarias, incluyendo alternativas frente a los catéteres vesicales y procedimientos para la colocación del catéter, manejo y remoción (1A)

II. Uso del catéter urinario.

A. Colocar catéteres solo con una indicación apropiada, y dejarlo colocado solo durante el tiempo necesario (Categoría 1B)

1. Minimizar el uso del catéter urinario y la duración de su uso en todos los pacientes, particularmente en los que tienen mayor riesgo de infección urinaria

---

[28]Manual de Bioseguridad en el Laboratorio, 3ra edición; Organización Mundial de la Salud Ginebra Suiza, 2005

o mortalidad por la cateterización, tales como mujeres, ancianos, y pacientes con inmunidad alterada (Categoría 1B)

2. Usar catéteres urinarios en pacientes quirúrgicos, solo si es necesario, en lugar de rutinariamente (Categoría 1B)

3. En los pacientes quirúrgicos con indicación de catéter urinario, removerlo lo más pronto posible en el post operatorio, preferentemente dentro de las 24 horas, a menos que exista una indicación apropiada para continuar con su uso (Categoría IB)

B. Considerar el uso alternativo del catéter uretral en determinados pacientes cuando es apropiado, tal como cateterización intermitente, en pacientes con lesión medular (Categoría II)

III. Técnica apropiada para la colocación del catéter urinario.

A. Realizar el lavado de manos inmediatamente antes y después de la colocación y manipuleo del catéter o su sitio (Categoría IB) Ver capitulo Lavado de manos.

1. Utilizar guantes estériles, campos, apósitos y un antiséptico apropiado o solución estéril para la higiene periuretral, y un lubricante (gel) para la inserción (Categoría IB)

2. Los lubricantes con antisépticos no debe usarse rutinariamente (Categoría II)

B. Asegurar o fijar apropiadamente el catéter luego de su inserción para prevenir el movimiento y tracción uretral (Categoría IB)

C. Considerar utilizar el catéter de menor diámetro posible, consistentemente con un buen drenaje, para minimizar el trauma uretral, a menos que este otro indicado (Categoría II)

D. Si se utiliza cateterización intermitente, realizarla a intervalos regulares para prevenir la sobre distención de la vejiga (Categoría IB)

IV. Técnica apropiada para el mantenimiento del catéter urinario.

A. Mantener un sistema de drenaje estéril, continuo y cerrado (Categoría IB)

1. Si hay una ruptura en la técnica aséptica, desconexión o pérdida, reemplazar el catéter y sistema de recolección (bolsa) utilizando técnica aséptica y equipo estéril (Categoría IB)

2. Considerar los sistemas urinarios con pre conexión, sellados en la unión de la tubuladura. (Categoría II)

B. Mantener un flujo urinario sin obstrucción (Categoría IB)

1. Mantener el catéter y sistema de drenaje libre de pinzamientos (Categoría IC)

2. Mantener la bolsa del sistema de orina por debajo del nivel de la vejiga siempre. No apoyar la bolsa en el piso (Categoría IB)

3. Vaciar la bolsa recolectora en forma regular utilizando un colector individual limpio (pipeta graduada) para cada paciente, y evitando salpicaduras y previniendo el contacto del pico de la bolsa con el colector (Categoría IB)

C. Utilizar las precauciones estándares, incluyendo el uso de guantes y camisolín en forma apropiada, durante la manipulación del catéter o sistema de recolección (Categoría IB)

D. No higienizar el área periuretral con un antiséptico para prevenir infecciones urinarias mientras el catéter está colocado. La higiene de rutina (ejemplo: higiene del meato urinario durante el baño diario) es apropiada (Categoría IB)

E. Evitar la irrigación de la vejiga a menos que se anticipe una obstrucción (ejemplo: sangrado luego de una cirugía prostática o vesical) (Categoría II)

F. No es necesario clampear el catéter antes de la remoción (Categoría II).

Paquete de medidas

Conjunto simple de prácticas basadas en la evidencia, que cuando se realizan en conjunto y de forma confiable y permanente han demostrado impacto en reducir las tasas de Infecciones asociadas al cuidado de la salud, mejorando los procesos de atención y contribuyendo a la seguridad del paciente.

Paquete de medidas para prevenir infecciones del tracto urinario:

1-Higiene de manos y uso de guantes para manipular secreciones.

2-Insercion aséptica y mantenimiento adecuado.

3-Drenaje estéril, continuo y cerrado.

4-Evaluacion diaria de la necesidad de uso de catéter.

RECOMENDACIONES DE PREVENCIÓN DE INFECCIONES ASOCIADAS A ACCESOS VASCULARES

Objetivo:

Reducir el riesgo de desarrollar infecciones asociadas a accesos vasculares tanto en Áreas Críticas, Salas de Internación y Pacientes ambulatorios.

1) Educación, entrenamiento del equipo de salud

Educar y entrenar a médicos y enfermeros sobre las indicaciones para el uso de los catéteres vasculares, procedimiento de inserción y cuidado. Las medidas de control de infecciones para prevenir las infecciones relacionadas a catéter deben ser conocidas en detalle por todo el equipo de salud. Categoría IA

2) Higiene de manos y técnica aséptica

Ver capitulo higiene de manos.

Mantener la técnica aséptica para la colocación y cuidado de los catéteres intravasculares. Categoría IA

CATETERES PERIFERICOS[29]

I. Selección de catéter periférico

Seleccionar catéteres basándose en el propósito buscado y duración del uso y la experiencia individual de operadores de catéteres. Categoría IB

II. Selección del sitio de inserción del catéter periférico

Utilizar un sitio de una extremidad superior en lugar de una inferior para la inserción del catéter. Categoría IA

---

[29]Manual de Bioseguridad en el Laboratorio, 3ra edición; Organización Mundial de la Salud Ginebra Suiza, 2005

III. Cambio del catéter:

– Reemplazar los catéteres venosos periféricos cortos al menos cada 72-96 horas para reducir el riesgo de una flebitis. Si los sitios de acceso venoso están limitados y no hay evidencia de una flebitis o una infección, los catéteres venosos periféricos pueden ser dejados en su lugar por períodos más largos y el paciente debe ser examinado diariamente. Categoría IB

CATETERES VENOSOS CENTRALES, INCLUYENDO PICC, HEMODIALISIS Y CATETERES DE ARTERIA PULMONAR[30]

I. Selección de catéter

– Utilizar un CVC con el mínimo número de vías o lúmenes esenciales para el manejo del paciente. Categoría IB

– Asignar personal que haya sido entrenado y demuestre competencia en la inserción de catéteres y para supervisar a quienes se entrenan en la inserción de catéteres. Categoría IA

– Utilizar dispositivos de acceso totalmente implantables para pacientes que requieran acceso vascular intermitente de largo plazo. Para pacientes que requieran acceso continuo o frecuente, es preferible un PICC o un CVC tunelizado. Categoría II

– Utilizar un CVC tunelizado para diálisis si se prevee una prolongación del acceso temporal (p.e: >3 semanas). Categoría IB

– Utilizar una fístula o injerto en lugar de un CVC para un acceso permanente para diálisis. Categoría IB

---

[30]Manual de Bioseguridad en el Laboratorio, 3ra edición; Organización Mundial de la Salud Ginebra Suiza, 2005

– No utilizar catéteres de hemodiálisis para extracción de sangre u otras aplicaciones además de la hemodiálisis excepto durante el proceso de diálisis o bajo una circunstancia de emergencia. Categoría II

II. Selección del sitio de inserción del catéter

– Utilizar la vía subclavia (en lugar de la vía yugular o femoral) en pacientes adultos para minimizar el riesgo de infección en la colocación de CVC no-tunelizados. Categoría IA

– Colocar catéteres utilizados para hemodiálisis y féresis en vena yugular o femoral, es preferible a una vena subclavia para evitar estenosis venosa si el acceso del catéter fuera necesario. Categoría IA

III. Barreras de precaución de máxima esterilidad durante la inserción del catéter (ver capitulo precauciones estándar)

IV. Mantenimiento y cambio de catéter

– No reemplazar rutinariamente los CVC, PICC, y catéteres de hemodiálisis o catéteres de arteria pulmonar. CATEGORIA IB

3) Preparación de la piel

– Preparar la piel con alcohol 70% antes de la colocación de un catéter periférico. Categoría IA

– Preparar la piel con una solución a base de clorhexidina 2% antes de la colocación de un catéter venoso central y durante los cambios de curación. Si hay contraindicación para el uso de clorhexidina, pueden utilizarse en forma alternativa alcohol 70%. Categoría IA

4) Curación del sitio de inserción

La curación del catéter se puede realizar con gasa y tela adhesiva, o apósito transparente estéril semipermeable. Categoría IA

Reemplazar la curación cuando la misma se observa sucia, mojada o despegada. Categoría IB

Reemplazar la curación de los catéteres centrales de corta permanencia cada 2 días si se usa gasa, y al menos cada 7 días si se utiliza un apósito transparente. Categoría IB

Higiene del paciente

Utilizar gluconato de clorhexidina jabonosa al 4% para el baño diario del paciente reduce las bacteriemias. Categoría II

Profilaxis antibiótica sistémica

No administrar en forma rutinaria profilaxis antibiótica sistémica. Categoría IA

CATÉTERES ARTERIALES PERIFÉRICOS Y DISPOSITIVOS DE MEDICIÓN DE PRESIÓN[31]

Para reducción del riesgo de infección, utilizar la arteria radial, braquial o pedía dorsal en lugar de la arteria femoral o axilar. Categoría IB

—Retirar el catéter arterial lo más pronto posible y no mantenerlo más de lo necesario. Categoría II

---

[31]Manual de Bioseguridad en el Laboratorio, 3ra edición; Organización Mundial de la Salud Ginebra Suiza, 2005

– Utilizar transductores descartables en lugar de reusables cuando es posible. Categoría IB

– Mantener estériles todos los componentes del sistema del monitoreo de presión (incluyendo dispositivos de calibración y solución a infundir). Categoría IA

5) Reemplazo de los sets de administración

Reemplazar el sistema de administración, incluyendo los paralelos y dispositivos, a intervalos de 96 horas máximo 7 días. Categoría IA

Reemplazar las tubuladuras para administrar sangre, productos derivados de la sangre o emulsiones lipídicas (aquellas combinadas con aminoácidos y glucosa en una mezcla 3 en 1 o en infusión separada) dentro de las 24 horas de comenzada la infusión. Categoría IB

Las tubuladuras usadas para infusiones de propofol se deben recambiar cada 6-12 hs dependiendo de las recomendaciones del fabricante. Categoría IA

6) Medicación parenteral multidosis y fluidos parenterales

No usar frascos de fluidos parenterales que presenten turbidez, roturas, partículas de materia extraña o con fecha de vencimiento pasada. CATEGORÍA IB

No guardar ni combinar sobrantes de ampollas de dosis única para uso posterior. CATEGORÍA IA

Si se utilizan frascos multidosis, refrigerar en envase luego de la apertura si el fabricante lo recomienda. CATEGORIA II.

Limpiar el tapón de goma del frasco multidosis con alcohol al 70% antes de ingresar al envase. CATEGORÍA IA

Descartar los frascos multidosis si la esterilidad está comprometida. CATEGORÍA IA

Todos los envases multidosisdebería fecharse cuando se utilizan por primera vez y no deben ser utilizados luego del periodo de expiración que menciona el fabricante. CATEGORIA IC.

Completar la infusión de soluciones que contienen lípidos dentro de las 24 hs (ejemplo soluciones 3 en 1) CATEGORÍA IB

Completar la infusión de emulsiones lipídicas solas dentro de las 12 hs de colocada. Si las consideraciones de volumen requieren más tiempo, la infusión debería ser completada dentro de las 24 horas. CATEGORÍA IB

La administración de sangre o productos derivados se debe completar dentro de las 4 hs de colocada. CATEGORÍA II

CATETERES	REMPLAZO CATETER	CURACION	REMPLAZO DE SETS DE ADMINISITRACION
Catéteres venosos periféricos	Cada96 hs	Remplazar cobertura si tiene manchas, suciedad, pérdidas o se despego Con gasa estéril y tela adhesiva c/ 24 hs. Con apósito transparente c/96 hs.	Tubuladuras, y todos los accesorios (llaves de 3 vías, prolongadores, etc.) c/ 96 hs Tubuladuras de sangre, hemoderivados y emulsiones lípidicas c/24 hs.
Catéteres venosos centrales, catéteres implantables, semimplantables, de inserción periférica (PICC), catéteres usados en hemodiálisis y catéteres arteriales pulmonares	No deben recambiarse en forma rutinaria	Remplazar cobertura si tiene manchas, suciedad, pérdidas o se despego Con gasa Estéril y tela adhesiva c/ 48 hs. Con apósito transparente c/ 7 días.	Tubuladuras, y todos los accesorios (llaves de 3 vías, , prolongadores, etc.) c/ 96 hs Tubuladuras de sangre, hemoderivados y emulsiones lípidicas c/24 hs.
Catéteres arteriales periféricos	No hay rutinas de cambio recomendadas	Remplazar la cobertura del sitio de inserción cuando se reemplaza el catéter o cuando tiene manchas, suciedad, pérdidas o se ha despegado	Remplazar las Tubuladuras, llaves de tres vías, cuando se remplazan los transductores, c/96 hs

Paquete de medidas para catéteres venosos centrales

Paquete de medidas para la inserción:

1-Higiene de manos.

2-Maximas precauciones de barrera durante la inserción.

3- Antisepsia de la piel con clorhexidina.

4-Cobertor estéril.

5-Evitar la vena femoral en pacientes adultos.

Paquete de medidas para el mantenimiento

1-Higiene de manos.

2-Antisepsia de la piel con clorhexidina en el cambio de apósito.

3-Cobertura intacta.

4-Desinfeccion con alcohol de las conexiones.

5-Remocion de los catéteres innecesarios.

RECOMENDACIÓN/NORMAS PARA PREVENCIÓN DE NEUMONÍA ASOCIADA AL CUIDADO DE LA SALUD (NACS)[32]

Se ha observado que en 83% de los episodios de neumonías nosocomiales ocurren asociadas a ventilación mecánica

Importancia del problema:

Incidencia: 25% de las infecciones en UTI

50% de la prescripción de ATB en UTI

Alta morbilidad (Aumento en 12 días promedio hospitalización)

Mortalidad atribuible 33-55% (bacteriemia, multiresistencia)

La definición se basa en:

criterios radiológicos: la aparición de un infiltrado nuevo

criterios clínicos: secreciones purulentas, fiebre, leucocitosis o leucopenia, hipotensión, etc.

Los factores de riesgo más frecuentes asociados son: el tipo y la duración de la respiración mecánica, la calidad de la atención respiratoria, la gravedad del estado del paciente y el uso previo de antibióticos.

Patogénesis: es crítico para el desarrollo de neumonía asociada a los cuidados de salud la colonización bacteriana del tracto aéreo-digestivo y su desplazamiento al tracto respiratorio inferior. La presencia del tubo endotraqueal constituye el riesgo mayor ya que permite deslizamiento de secreciones contaminadas y puede actuar como base del biofilmintraluminal.

---

[32]Manual de Bioseguridad en el Laboratorio, 3ra edición; Organización Mundial de la Salud Ginebra Suiza, 2005

La Bacteriología de las NACS está en relación con la flora de cada Institución, teniendo en cuenta que sólo 1/3 de los casos tienen confirmación bacteriológica.

De acuerdo al momento del inicio de la neumonía se puede establecer si se trata de una neumonía precoz o neumonía tardía dependiendo si el comienzo es antes o luego de las 96 horas de la intubación. Determinar esta característica es importante porque en general la neumonía precoz se asocia a microorganismos de la propia flora del paciente y por lo general sensibles a la mayoría de los antibióticos, mientras que en la tardía se asocia a microorganismos hospitalarios multiresistentes.

El Diagnóstico etiológico se puede realizar a través de Hemocultivos, métodos no broncoscopios (aspirado traqueal) o métodos broncoscopios.

Paquete de Medidas y cuidados de enfermería en Pacientes con ARM

Higiene de Manos y uso de guantes para manipular secreciones

1. Elevación de la cabecera de la cama entre 30° y 45°.

2. Higiene bucal con antiséptico una vez por turno.

3. Uso y conservación adecuada de los elementos para la aspiración.

No se justifica:

Toma rutinaria de estudios microbiológicos en pacientes o equipos

Desinfección y esterilización rutinaria de la maquinaria interna de los ventiladores o equipos de anestesia

Cambio rutinario de circuitos

Uso rutinario de filtros en el circuito del ventilador

Nebulizadores

Solo deben usarse líquidos estériles para nebulizar y aplicarse en forma aséptica

RECOMENDACIÓN/ NORMAS PARA PREVENCIÓN DE INFECCIÓN DEL SITIO QUIRÚRGICO (ISQ)

Se considera a la infección que ocurre dentro de los 30 días de la cirugía y hasta un año si hay colocación de cualquier prótesis.

Las heridas se clasifican en: heridas limpias, limpia-contaminadas, contaminadas y sucias.

Es conocido que los microorganismos que producen ISQ provienen de los siguientes orígenes principalmente: flora endógena del paciente y de las manos del personal. Otras fuentes importantes a tener en cuenta son las condiciones ambientales del quirófano y la siembra de la zona quirúrgica desde un foco distante de infección.

Para cada tipo de cirugía se establece un índice de riesgo de aparición de ISQ que se calcula en base a los siguientes parámetros:

Tipo de procedimiento quirúrgico

Tipo de herida

Duración de la cirugía

Score de ASA

Dentro de los factores predictores de infección se encuentran:

Tipo de herida

Duración de la cirugía

Clasificación ASA

Tipo de intervención

Cirujano

Factores de riesgo

Comorbilidad

Estancia hospitalaria previa

Uso previo de antimicrobianos

Re hospitalización

Rasurado – baño pre quirúrgico

Prevención de la ISQ en cirugía programada: se establece claramente la necesidad de:

Cuidado Pre – operatorio: tratar infecciones a distancia (A II). Controlar glucemia (A II). Cese tabáquico 30 días antes de la cirugía (A II). NO remover vello a menos que interfiera con cirugía (A I), si fuera necesario cortarlo al ras NO usar afeitadoras.

Cuidado Intraoperatorio: higiene de manos quirúrgicas con antisépticos (A II), profilaxis antibiótica adecuada en tiempo de colocación, tipo y duración (A I), contar con material estéril controlado (B I). Lavar y limpiar la piel con antiséptico alrededor del sitio de incisión (A III). Manipulación cuidadosa de los tejidos por parte del cirujano (A II). Minimizar el tiempo de la cirugía (A III). Minimizar el tráfico del personal.

Cuidado Pos – operatorio: mantener la normo glucemia y la normo termia. Cuidado de la herida operatoria.

Notas:

Baño pre quirúrgico: No hay prueba de que el número de duchas preoperatorias tenga incidencia en disminuir la infección del sitio quirúrgico, pero muchos estudios refieren que debe tener lugar lo más próximo a realizarse el acto operatorio. Se debe asesorar a los pacientes a realizar ducha con antiséptico al menos desde el día previo a la cirugía y no debería faltar el día de la cirugía. El personal de enfermería o el designado debe ayudar a dar el baño en cama en aquellos pacientes imposibilitados de hacerlo por sus propios medios.

Paquete de Medidas para Prevenir Infecciones en Sitio Quirúrgico

1. Correcta Higiene de Manos.

2. Uso adecuado de Profilaxis pre-quirúrgica en tiempo y forma (A

3. Evitar el rasurado, si fuera necesario usar clipper de recorte de vello.

4. Control de la glucemia pre y post operatoria.

5. Mantener normo termia o evitar hipotermia post operatoria.

Apartado IV

Aislamiento. Tipos[33],[34]

[33]https://es.slideshare.net/stefy0905/aislamiento-exposicion, 2016
[34]Control de enfermedades transmisibles en el hombre. OPS. Publicación científica N° 442- Abraham Bennenson.1983.

Definición:

"Separación de una cosa, persona o población para colocarla de forma incomunicada y apartada".[35]

"consiste en la separación de personas infectadas de los huéspedes susceptibles durante el periodo de transmisibilidad de la enfermedad, en lugares y bajo condiciones tales que eviten o limiten la transmisión del agente infeccioso".

Principios.

1. Conocer el objetivo del aislamiento del paciente ¿Qué se espera lograr aislando al paciente infectado?
2. Conocer el mecanismo de transmisión del agente infeccioso.
3. Prevenir riesgos de transmisión de infecciones entre un paciente y otro, entre el paciente y el equipo de salud, y viceversa.

Propósito.

Separar de un paciente, ropa, objetos, personales y material, equipo individual que requiere para su tratamiento por medio de un cuarto o área determinada; para protección del paciente mismo, de los demás pacientes y el equipo multidisciplinario de salud, evitando así la propagación de enfermedades cruzadas.

Tipos de aislamiento.

a) Estricto o vía aérea.
b) Protector o inverso.
c) Respiratorio o gotitas.
d) Entérico o digestivo.
e) Contacto directo o indirecto.

---

[35]https://es.slideshare.net/stefy0905/aislamiento-exposicion, 2016.

Estricto

Se aplican a patologías que se transmiten a partir de partículas eliminadas por vía aérea y que pueden permanecer en el aire en suspensión por largos periodos de tiempo. Se requiere uso de barreras como barbijo, antiparras, guantes y camisolín.

Aislamiento protector.

Se utiliza para proteger a pacientes inmunodeprimidos como puede ser trasplantado, pacientes que reciben grandes cantidades de medicación, pacientes con leucemia o leucopenia. Se requiere uso de barreras como barbijo, antiparras, guantes y camisolín.

Aislamiento respiratorio.

Esta transmisión ocurre cuando partículas mayores a 5 micras, generadas al hablar, toser o estornudar quedan suspendidos en el aire hasta un metro de distancia al hablar y hasta 4 metros al toser o estornudar.Se requiere uso de barreras como barbijo, antiparras, guantes y camisolín.

Aislamiento entérico.

Este aislamiento va encaminado a evitar la diseminación a través de materiales fecales y en algunos casos de objetos contaminados por determinados microorganismos.

Aislamiento de contacto.

Se utilizan para las enfermedades que se transmiten para las enfermedades que se transmiten por contacto indirecto (piel-objeto-piel) o directo (piel-piel) con el paciente.

MARCO CONCEPTUAL[36]

ACCIDENTE DE TRABAJO.- "Es accidente de trabajo todo suceso repentino que sobrevenga por causa o con ocasión del trabajo, y que produzca en el trabajador una lesión orgánica, una perturbación funcional, una invalidez o la muerte…" (Decisión 584-Instrumento Andino de Seguridad y Salud en el Trabajo).

AMBIENTE HOSPITLARIO.- Es el conjunto de condiciones humanas técnicas, físicas, químicas, y sociales que tienen influencia sobre la salud del individuo.

ASEPSIA.- La asepsia es la exclusión continuada de microorganismos contaminantes. Así por ejemplo el cultivo de microorganismos en el laboratorio es llevado a cabo asépticamente como en muchas fermentaciones industriales. El medio de cultivo es esterilizado para remover toda forma de vida y luego inoculado con el cultivo requerido.

AUTOCUIDADO.- El autocuidado se define como el conjunto de acciones intencionadas que realiza la persona para controlar los factores internos o externos, que pueden comprometer su vida y desarrollo posterior. El autocuidado por tanto, es una conducta que realiza o debería realizar la persona para sí misma.

CONTAMINACIÓN.- Es la presencia de microorganismo en la superficie del cuerpo sin invasión o reacción tisular o en la superficie de objetos inanimados. Pérdida de la calidad o pureza por contacto o mezcla. Acción de volver algo dañino o inapropiado debido a la presencia de agentes externos.

RIESGO BIOLÓGICO.- Es la probabilidad que tiene el individuo de adquirir una enfermedad con el contacto con microorganismo patógeno así como aquellos residuos contaminados con materia orgánica.

---

[36]Manual de Bioseguridad en el Laboratorio, 3ra edición; Organización Mundial de la Salud Ginebra Suiza, 2005.

ESTANCIA HOSPITALARIA.- Se refiere al espacio de tiempo que invierte un paciente en condición de hospitalizado en las instalaciones de un hospital.

INFECCIÓN.- Es la penetración, el desarrollo y la multiplicación de un agente infeccioso en el organismo de las personas o de los animales.

MEDIDAS DE BIOSEGURIDAD.-Son las acciones que realiza el equipo de enfermería para prevenir y/o evitar infecciones según percepción de las enfermeras durante la atención que brinda a los pacientes del servicio de Medicina.

MEDIDAS PREVENTIVAS.- Son acciones que sirven para concientizar a la población sobre la situación de vulnerabilidad y compartir los conocimientos necesarios para que alcancen condiciones de seguridad.

MODO DE TRANSMISIÓN.- Mecanismo de transferencia de un agente infeccioso a partir de un reservorio a un huésped susceptible.

PRECAUCIONES UNIVERSALES.- Conjunto de técnicas y procedimientos para proteger al personal que conforma el equipo de salud de la posible infección con ciertos agentes, mientras desarrolla actividades de atención a pacientes o durante el trabajo con sus fluidos o tejidos corporales.

SALUD OCUPACIONAL.- (OMS), la salud ocupacional es una actividad multidisciplinaria dirigida a promover y proteger la salud de los trabajadores mediante la prevención, el control de enfermedades y accidentes, y la eliminación de los factores y condiciones que ponen en peligro la salud y la seguridad en el trabajo.

Capítulo II

Diseño metodológico.

Tipo de estudio.

El actual trabajo investigativo es de tipo cuantitativo, descriptivo-transversal. Para ello se sometió a un grupo de enfermeros a análisis para hacer referencia a las características de trabajo de la muestra explicando las causas el por qué se siguen ocasionando accidentes de trabajo en relación a la no utilización o utilización incorrecta de las normas de bioseguridad. Para ello se tomó de una población de 300 enfermeros una muestra del 10% es decir 30 enfermeros que corresponden a los servicios de unidad coronaria y unidad de cuidados intensivos respectivamente.

Tipo de investigación.

Descriptiva: porque busca describir fenómenos o situación y plantear relación entre variables.

Transversal: se estudian las variables simultáneamente, en un determinado momento haciendo corte en el tiempo.

Área de estudio.

Esta investigación se lleva a cabo en el Hospital Marcial V. Quiroga en los servicios de UCO-UTI.

Universo y muestra.

Universo: está constituida por el personal de Enfermería que se desempeña en los servicios de Unidad Coronaria y Unidad de Terapia Intensiva.

Muestra: la muestra total del estudio son 300 Enfermeros, se efectuaron 30 encuestas, las cuales representan el 10 % de la misma.

Técnica e instrumento para recolección de datos.

Método: es el medio a través del cual se establece la relación entre el investigador y el consultado.

Se empleará la encuesta (Anexo I) como método de recolección de datos para medir variables, y conocer actuación de enfermería y conocimientos que tienen sobre la aplicación de las normas de bioseguridad.

Instrumento.

Mecanismo que utiliza el investigador para recolectar y registrar la intervención.

Se procederá a aplicar encuesta como instrumento de medición y las preguntas serán estructuradas y de respuesta múltiple. Para la primera variable se hará evaluación aplicando método de observación según una grilla de procedimientos la cual permitirá cuantificar y analizar los datos con mayor facilidad y permitirá a los autores recolectar datos.

Análisis y procesamiento de datos.

Para el análisis y procesamiento de los datos se procederá a la creación de una tabla matriz que permita organizar los datos que se obtuvieron a partir de la aplicación de encuesta, para luego y mediante la utilización de programa de Microsoft Office Excel graficar y demostrar los datos expresados en porcentajes.

Operacionalizaciòn de las variables.

Variable a investigar.

Aplicación de medidas de bioseguridad

Conocimiento

Uso de barreras

Manejo de residuos hospitalarios

Protocolo de actuación frente a un accidente

Variable.

Aplicación de medidas de Bioseguridad

Conjunto de medidas preventivas destinadas a proteger la salud y seguridad del personal de Enfermería y usuarios del Hospital Marcial V. Quiroga, frente a diferentes riesgos producidos por agentes biológicos, físicos, químicos y el manejo de residuos.

Técnicas e instrumentos de recolección de datos.

Las técnicas para llevar a cabo esta investigación:

Fuente Primaria: los datos plasmados, obtenidos en el proceso de esta investigación se obtuvieron directamente de la muestra (30 Enfermeros entre ellos Licenciados, Enfermeros Universitarios y Auxiliares de Enfermería), para ello se aplicó una encuesta de opción múltiple, de 7 preguntas y una guía de observación. Estas técnicas son muy útiles para estudios descriptivos ya que permiten la obtención de datos de distinta clase o naturaleza y enriquecen el trabajo investigativo y permiten hacer múltiples acepciones en relación al contexto en el que se suceden los hechos.

Fuente secundaria: se consultan distintas bibliografías, sitios de internet y trabajos investigativos que tienen similitud en cuanto a esta temática.

Procedimiento para obtención de datos.

Luego de solicitar a las autoridades del Hospital Marcial Quiroga y obtener la autorización que corresponde para poder ejecutar y llevar a cabo la investigación, se le solicita al personal de muestra su colaboración.

Para la obtención datos objetivosseorganizó que 2 días a la semana se entregarían las encuestas en grupos de 5 personas por día. Al cabo de 3 semanas se obtuvieron la totalidad de las encuestas completas.

Presentación de los datos.

Para la presentación de los datos se puso en marcha la tarea de tabular los datos obtenidos en las treinta encuestas y plasmarlos en gráficos y tortas porcentuales gracias al programa Microsoft Excel y Power Point.

Análisis e interpretación de datos

Gráfico N°1- Formación del personal de enfermería.

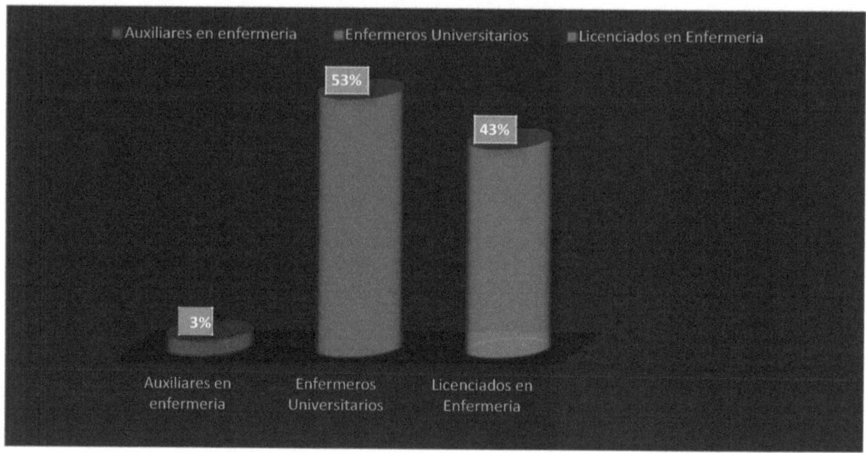

Comentario: Como se observa en un 3% (1 enfermeros) es auxiliar, un 53% (16 enfermeros) son universitarios y un 43% (13 enfermeros), son Licenciados en Enfermería.

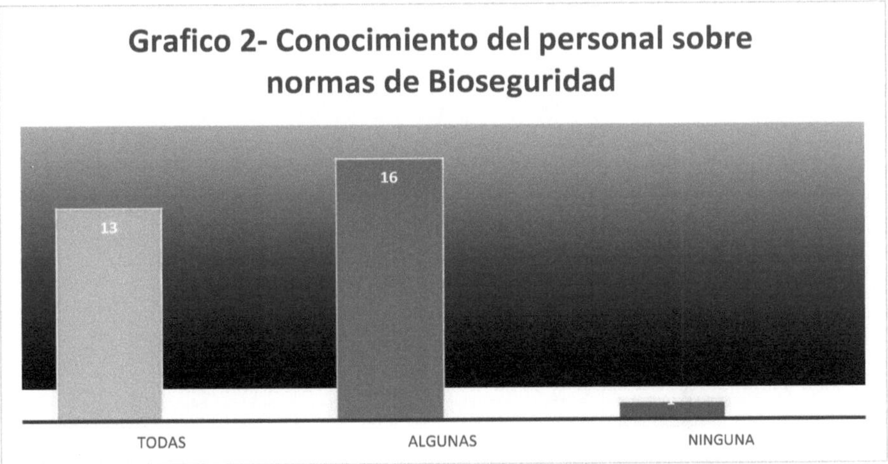

Comentario: Como se observa el 43 % (13 enfermeros) de los participantes en las encuestas conoce todas las normas de bioseguridad, 53% (16 de los enfermeros) conoce algunas normas y 0,3% (1 enfermero) no conoce ninguna norma de bioseguridad. Esto enmarca un alto porcentaje de enfermeros que no tienen conocimiento respecto a las normas de bioseguridad existentes o solo conocen algunas.

Gráfico Nº 3- Barreras Químicas- Lavado de manos

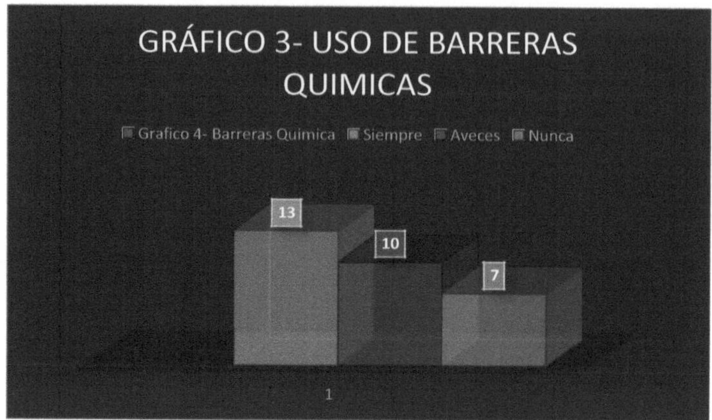

Comentario: Los resultados que se observan en el anterior grafico se describen de la siguiente manera:

La aplicación del uso de barreras químicas siempre lo hacen 13 Enfermeros, es decir 43%. A veces 10 Enfermeros es decir 33% y nunca 7 Enfermeros que representan un 23%.

Se destaca que un gran porcentaje de enfermeros si aplica esta barrera de bioseguridad.

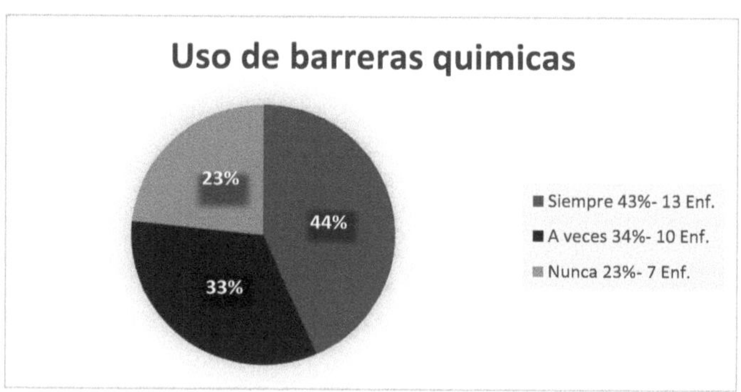

Uso de Barrera Fisica (Guantes)

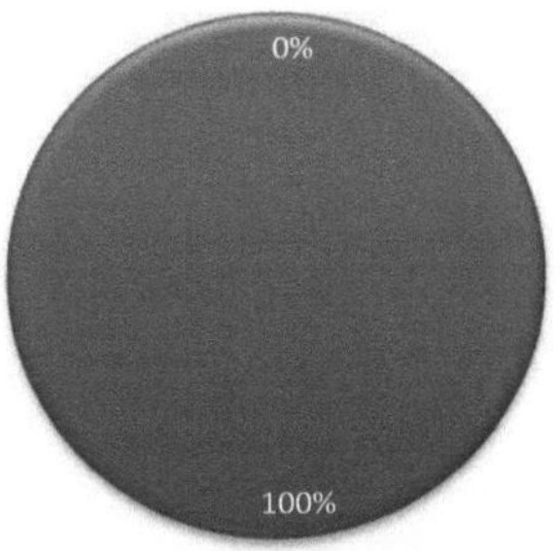

Comentario: como lo muestra el grafico podemos saber

Se observa que la utilización de guantes en procedimientos invasivos tiene un acatamiento del 100 % (o 30 de los enfermeros encuestados).

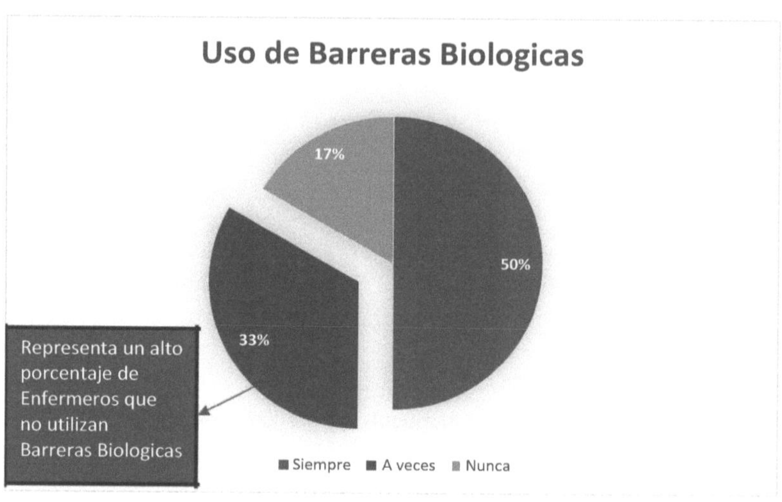

Comentario: En el anterior grafico se puede observar que:

Un 50% de Enfermeros, es decir 15 profesionales si cumplen con el uso de esta barrera.

Un 33% que representa a 10 Enfermeros que no tienen todas las vacunas, vigentes en el carnet obligatorio de los trabajadores de salud.

Un 17%, es decir 5 Enfermeros, que no recuerdan o no tienen en cuenta la importancia del uso de esta barrera.

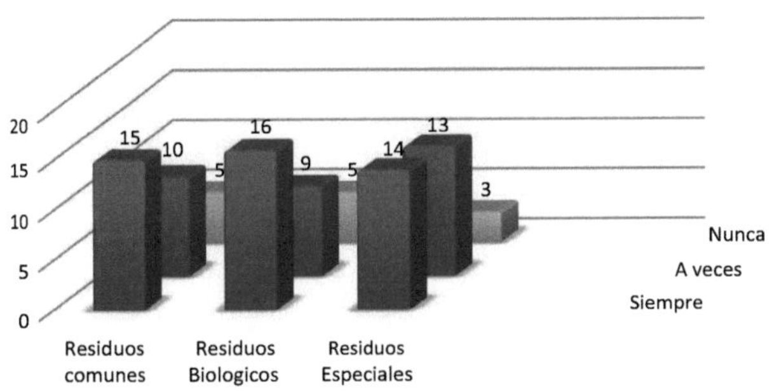

Comentario:

En este grafico podemos decir:

En relación a residuos comunes son 15 Enfermeros o el 50% de la muestra si conoce el manejo adecuado de este tipo de residuos. 10 Enfermeros o un 33% a veces aplica técnicas correctas de manejo de estos residuos y 5 Enfermeros o 17% de ellos no hace manejo correcto de residuos comunes.

Respecto al manejo de residuos Biológicos se puede observar en el grafico que 16 Enfermeros o 53% utiliza y hace buen manejo de residuos, 9 Enfermeros o 30% a veces hace manejo adecuado y 5 Enfermeros o 17% de ellos no aplica un buen manejo de residuos.

Y en concordancia a residuos especiales, que 14 Enfermeros es decir 47% hace buen manejo de estos, 13 Enfermeros o 43% de ellos a veces aplica correctamente técnicas de manejos de estos residuos y 3 Enfermeros o 10% nunca hace buen manejo de estos residuos.

Cabe destacar, que resulta llamativo que 13 Enfermeros es decir 43% de la muestra no haga buen uso y manejo de residuos especiales.

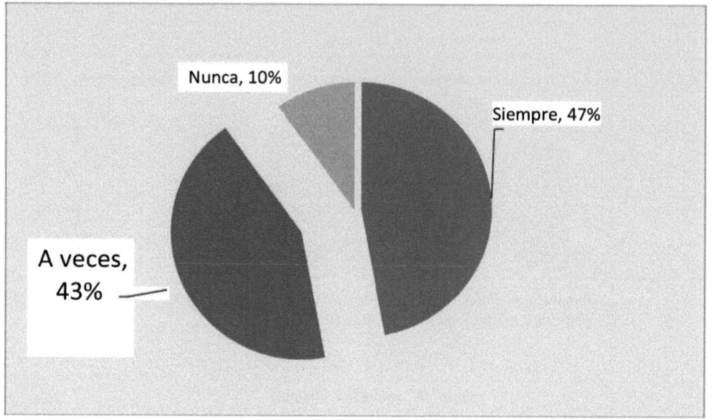

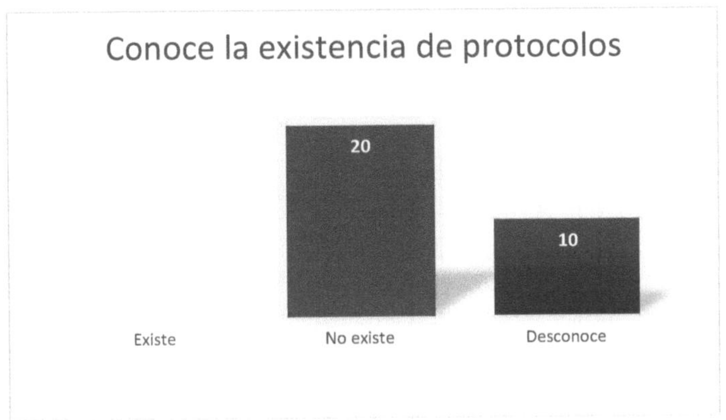

Comentario: Como se observa en el grafico vemos que 0% es decir ningún Enfermero acierta la existencia de protocolos, 20 Enfermeros es decir 67% expresan la inexistencia de protocolos y los 10 Enfermeros restantes es decir 33% desconocen si existen o no, protocolos respecto a las Normas de Bioseguridad institucionales.

Grafico N°8: Preparación de Enfermería respecto a la utilización correcta de las normas.

Conocimiento sobre la Normas de Bioseguridad	Grado de Formación									Total	
	Aux. en Enf			Enf. Prof.			Lic. en Enf.				
	fa	Fr. %	p	fa	Fr. %	p	fa	Fr.%	p	fa	Fr.%
Todas	1	100%	3,33	2	12,5%	6,6	11	84,6%	36,6	14	46,66%
Algunas	0	0	0	14	87,5%	46,6	2	15,4%	6,6	16	53,34%
Ninguna	0	0	0	0	0	0	0	0	0	0	0
Total Encuestados	1	100%	3,33	16	100	53,2	13	100%	43,20%	30	100%

Preparacion de Enfermeria respecto a la utilizacion correcta de normas de Bioseguridad

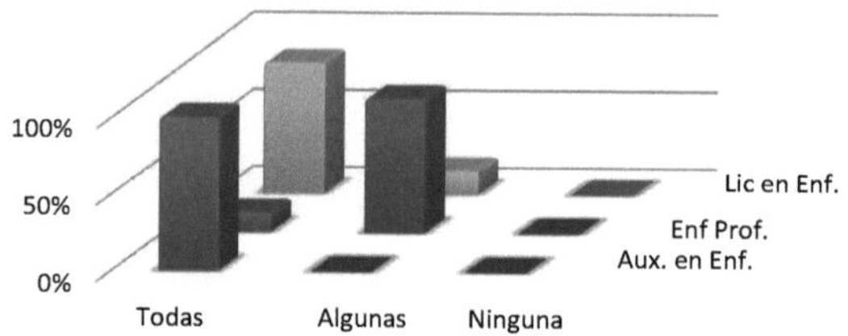

Comentario: Como se observa en el cuadro hay un alto porcentaje de utilización correcta de las Normas de bioseguridad que pertenecen al grupo de Licenciados en Enfermería con un 84,6% (Fr. %) que cumple con todas las normas.

Capitulo III

Resultados

Discusión

Propuestas

Resultados y discusión.

Luego de tabular y graficar los datos reportados en las encuestas realizadas al personal de Enfermería del Hospital Marcial V. Quiroga, se comprueba que mediante las respuestas que tienen buen conocimiento respecto a la utilización y aplicación de Normas de Bioseguridad.

Respecto a la formación del personal de la muestra un 43% son Licenciados en Enfermería, un 53% Enf Profesionales y un 3% Auxiliar Enfermero. Luego de exponer estos porcentajes cabe destacar que en el uso de barreras químicas 43% de los enfermeros si las aplica y el uso de barreras físicas (el uso de guantes en procedimientos invasivos en este caso) tienen un acatamiento y uso del 100% de los casos, situación que vale resaltar. En cuanto a las barreras biológicas que hacen referencia a las inmunizaciones si bien se registran buenos porcentajes de utilización (50%), se vislumbra que un 33% a veces las aplica, es decir que esto nos manifiesta que quizás por olvido u omisión el equipo de Enfermería no cumplimenta con la totalidad de las inmunizaciones y tampoco se cuenta con las regulaciones que corresponderían a tal caso.

Se resalta que en cuanto a la manipulación o manejo de residuos especiales, a veces aplican correctamente las normativas un 43% (13 enfermeros), que como comentario argumentaron que esto se debe en la mayoría de los casos por desconocimiento en el momento de la diferenciación del tipo de residuos. Y por ultimo en relación a la correlación que tiene el grado de formación respecto al uso general de normas de bioseguridad, se pudo determinar que un 84,6% (frecuencia relativa) de los Licenciados en Enfermería tiene buen conocimiento y manejo de las Normas de Bioseguridad.

Un alto porcentaje de enfermeros expresó que olvidan la aplicación de barreras, por que el ritmo de trabajo y demanda de atención es tan elevada que pasan a la siguiente actividad olvidando que medida se aplica a cada caso, o porque en algunos casos desconocen.

Propuestas:

Informar los resultados obtenidos a los departamentos de Enfermería, Higiene y Seguridad Laboral y Departamento de control de infecciones del Hospital Marcial V. Quiroga.

Promover la implementación de evaluaciones diagnósticas al personal, a fin de detectar carencias en los conocimientos y en base a ello programar capacitaciones y reforzar conocimientos.

Presentar un proyecto en donde como principal objetivo se solicite la participación activa y constante de los organismos a quienes les corresponda hacer los correctos seguimientos sea de Higiene y seguridad laboral como del departamento de control de infecciones.

Fomentar a que se hagan capacitaciones periódicas de actualización de conocimientos sobre normas de bioseguridad que no solo estén destinadas al personal de enfermería, sino que se expanda a todo el equipo de salud o equipo interdisciplinario.

Sugerir que la institución instale programas de seguimiento de la importancia del uso de las barreras biológicas en el personal que allí labora.

Proponer la revisión de protocolos de acción o manuales de procedimientos, de cada servicio y de las normas generales de la institución. respecto a normas de bioseguridad que estén por escrito y al alcance del personal a fin de que los mismos hagan consultas cuando sea necesario.

Programar indicadores para poder evaluar el cumplimiento de normas de bioseguridad y su impacto en la atención del paciente.

"La calidad es hacer lo correcto de la manera correcta la primera vez, y hacerlo mejor la vez siguiente, con las limitaciones de los recursos existentes y con la satisfacción de la comunidad".

Conclusión.

Evaluando el trabajo y desempeño de enfermería de Unidad de Terapia Intensiva y Unidad Coronaria del Hospital Marcial V. Quiroga, se pudo determinar, que a repetición la mayor dificultad o momentos de incertidumbre se dan en situaciones en las cuales se debe poner en ejecución los conocimientos respecto a las barreras de bioseguridad, que en muchos casos se dan por inseguridad, desinterés o en muchos casos falta de conceptos claros o actualizados sobre la temática sobre la cual se desarrollo este trabajo de investigación.

También se pudo determinar según lo expresado en las encuestas por los profesionales, que en la mayoría de las situaciones el olvido u omisión de la correcta aplicación de las barreras de bioseguridad o los momentos en que se aplica cada una, se debe al aumento o demanda de atención, y que esta respuesta genera que se desenfoque la atención del correcto accionar y correcta aplicación de conocimientos sobre las mencionadas medidas.

Concluyendo que no solo seria de vital importancia la transmisión de conocimientos correctos, actualizados y adecuados respecto a las Normas de Bioseguridad y/o barreras de Bioseguridad, sino que es igual de importante generar conciencia respecto a su uso, en los equipos de trabajadores de la salud, la trascendencia que tiene el correcto accionar como profesionales. Y mejorar o evaluar herramientas que permitan la optimización de los tiempos y momentos a fin de mejorar y lograr el acatamiento de las normas.

Bibliografía.

1. Manual de Bioseguridad en el Laboratorio, 3ra edición; Organización Mundial de la Salud Ginebra Suiza, 2005. En: http://www.who.int/csr/resources/publications/biosafety/CDS_CSR_LYO_2004_11SP.pdf; *consultado* el 03 de Abril del 2018.

2. 2. Richardson JH, Barkley WE editores. Biosafety in microbiological and biomedical laboratories. 1st Edition. Washington, EE.UU.U.S.Government Printing Office, 1984. [Links]

3. http://bvs.sld.cu/revistas/rst/vol8_1_07/rst10107.html

4. https://s3.amazonaws.com/academia.edu.documents/35924449/TGERS35C482009SalazarCesar_1.pdf?AWSAccessKeyId=AKIAIWOWYYGZ2Y53UL3A&Expires=1528499892&Signature=cuEiJakTh5yKj011Fc1IRXyV04U%3D&response-content-disposition=inline%3B%20filename%3DREPUBLICA_BOLIVARIANA_DE_VENEZUELA_UNIVE.pdf

    https://s3.amazonaws.com/academia.edu.documents/35924449/TGERS35C482009SalazarCesar_1.pdf?AWSAccessKeyId=AKIAIWOWYYGZ2Y53UL3A&Expires=1528499892&Signature=cuEiJakTh5yKj011Fc1IRXyV04U%3D&response-content-disposition=inline%3B%20filename%3DREPUBLICA_BOLIVARIANA_DE_VENEZUELA_UNIVE.pdf

5. http://scielo.sld.cu/scielo.php?script=sci_arttext&pid=S0864-03192006000400008

6. http://www.infecto.edu.uy/prevencion/bioseguridad/bioseguridad.htm#a.anchor42568

7. 1. Manual de Bioseguridad en el Laboratorio, 3ra edición; Organización Mundial de la Salud Ginebra Suiza, 2005. En: http://www.who.int/csr/resources/publications/biosafety/CDS_CSR_LYO_2004_11SP.pdf; *consultado* el 23 de julio de 2009. [Links]

8. 2. Richardson JH, Barkley WE editores. Biosafety in microbiological and biomedical laboratories. 1st Edition. Washington, EE.UU.: U.S.Government Printing Office, 1984. [Links]

9. 3. Berg P. Meetings that changed the world: Asilomar 1975: DNA modification secured. *Nature* 2008; 455: 290-1. [Links]

10. 4. NIH Guidelines for Research Involving Recombinant DNA Molecules. En: http://oba.od.nih.gov/oba/rac/guidelines_02/NIH_Gdlines_2002prn.pdf; consultado el 23 de julio de 2009. [Links]

11. 5. Pike, R.M., Sulkin, S.E., Schulze, M.L. Continuing importance of laboratory acquired infections. *Am J PublicHealth* 1965; 55: 190-9. [Links]

12. 6. Harrington, J.M., and Shannon, H.S. Incidence of tuberculosis, hepatitis, brucellosis and shigellosis in British medical laboratory workers. *Br Med J* 1976;1: 759-62.   [Links]

13. 7. Center for Infectious Disease, Research and Policy (CIDRAP). CDC details problems at Texas A&M biodefense lab. University of Minnesota 2007. En: *http://www.cidrap.umn.edu/cidrap/content/bt/bioprep/news/sep0507biolab.html*; consultado el 19 de octubre de 2009.   [Links]

14. 8. Wallach JC, Ferrero MC, Delpino M, Fossati CA, Baldi PC. Occupational infection due to *Brucella abortus* S19 among workers involved in vaccine production in

15. 9. Warley E, Desse J, Szyld E, et al. Exposición ocupacional a virus de hepatitis

16. 10. Fink S, Stanganelli C, Tomio JM. Biosafety teaching to university graduates and students: our experience. Anais do IV CongressoAssociaçao Nacional de Biossegurança.

17. 11. Biosafety in Microbiological and Biomedical Laboratories Fifth Edition. CDC-NIH, Washington USA 2007.

18. En: *http://www.cdc.gov/OD/OHS/biosfty/bmbl5/BMBL_5th_Edition.pdf*; consultado el 23 de julio de 2009.   [Links]

19. 12. Normas de Bioseguridad para establecimientos de Salud. Ministerio de Salud 1995. En: *http://www.ramosmejia.org.ar/downloads/leyes/bioseguridad.doc*; consultado el 14 de octubre de 2009.   [Links]

20. 13. Normas mínimas de bioseguridad. En: Manual para el diagnóstico bacteriológico de la tuberculosis. Normas y guía técnica. Parte 1 Baciloscopia. 2008. Anexo 1.pp 47- 50. En: *http://www.paho.org/Spanish/AD/DPC/CD/tb-labsbaciloscopia.pdf.* Consultado el 14 de octubre de 2009.   [Links]

21. 14. Boston site. MIT Security Studies Program. En: *http://web.mit.edu/ssp/bsl4/site.html*; consultado el 23 de julio de 2009.   [Links]

22. 15. Löfstedt R. Good and bad examples of siting and building biosafety level 4 laboratories: a study of Winnipeg, Galveston and Etobicoke. *J Hazard Mater* 2002; 93: 47-66.   [Links]

23. 16. Comité Nacional de Etica en la Ciencia y la Tecnología (CECTE). Códigos de conducta de científicos e instituciones, Convención sobre la Prohibición de Armas Bacteriológicas y Toxínicas. 2005. En: *www.cecte.gov.ar/recomendaciones-e-informes*; consultado el 20 de octubre de 2009   [Links]

24. 17. Pittet D, Allegranzi B, Boyce J; World Health Organization. World Alliance for Patient Safety First Global Patient. Safety Challenge Core Group of Experts 2009. The World Health Organization Guidelines on Hand Hygiene in Health Care and their consensus recommendations. *Infect Control HospEpidemiol.* 2009; 30: 611-22.   [Links]

25. 18. Enhancement of laboratory Biosafety. 2005. Fifty eight World Health Assembly. En: *http://www.who.int/gb/ebwha/pdf_files/WHA58/WHA58_29-en.pdf*, consultado el 19 de octubre de 2009.   [Links]

26. http://www.scielo.org.ar/scielo.php?script=sci_arttext&pid=S0025-76802010000300018

Anexos.

Encuesta.

Dimensiones	Indicadores	Escala		
1-Enrelaciónal grado de formación Ud. es:	Auxiliar en Enfermería	SI	NO	
	Enfermero Universitario	SI	NO	
	Licenciado en Enfermería	SI	NO	
2-Conocimiento sobre barreras	a-Física	SI	NO	
	b-Química	SI	NO	
	c-Biológica	SI	NO	
3-Uso de Barrera Física	Uso de barbijo, cofia, mascarillas, bata, antiparras o lentes, guantes, zapatos.	Siempre- A Veces- Nunca- No Aplica		
4-Uso de Barrera Química	uso de antisépticos y desinfectantes	Siempre- A Veces- Nunca- No Aplica		
5-Uso de Barrera Biológica	Inmunizaciones	SI NO DESCONOCE		
6-Manejo de Residuos	Comunes	Siempre- A Veces- Nunca- No Aplica		
7-Manejo de Residuos	Biológicos: corto punzantes			
8-Manejo de Residuos	Especiales			
9- Conocen de la existencia de protocolos				
	Accidente laboral	SI NO DESCONOCE		
10- Comentarios				

Tabla Matriz.

Encuesta	1	2	3	4	5	6	7	8	9
1	C	A	A	A	A	B	A	C	B
2	B	B	A	B	C	A	B	A	B
3	C	A	A	B	B	A	A	A	B
4	C	B	A	C	B	C	A	C	C
5	C	A	A	B	B	B	A	A	B
6	B	B	A	B	C	A	A	B	C
7	B	B	A	B	A	B	A	B	B
8	C	A	A	A	A	A	A	A	C
9	B	B	A	C	B	C	A	A	B
10	B	B	A	A	C	B	C	C	B
11	C	A	A	B	A	A	A	B	B
12	B	B	A	C	A	A	C	B	B
13	C	A	A	B	A	A	A	A	B
14	B	B	A	C	B	B	C	B	C
15	B	A	A	A	B	C	A	B	C
16	C	A	A	A	A	A	A	B	C
17	C	B	A	A	C	C	B	A	B
18	B	B	A	B	B	B	B	A	B
19	C	A	A	A	A	A	A	B	C
20	B	C	A	A	B	B	B	A	B
21	A	B	A	B	A	B	C	B	C
22	B	B	A	A	A	A	B	B	B
23	B	B	A	B	A	C	B	A	B
24	C	A	A	A	B	A	A	A	B
25	C	A	A	A	A	A	A	B	B
26	B	B	A	C	A	A	B	A	C
27	C	A	A	A	A	A	A	A	B
28	B	B	A	C	B	B	B	A	B
29	B	A	A	C	A	B	B	B	B
30	B	B	A	A	C	A	C	B	C
Total A	1	13	30	13	15	15	16	14	0
Total B	16	16	0	10	10	10	9	13	20
Total C	13	1	0	7	5	5	5	3	10
Total	30	30	30	30	30	30	30	30	30

Referencias tabla matriz

1-Formacion	Aux Enf. (A)	Prof. En Enf (B)	Lic. Enf. (C)
2- Conocimiento sobre barreras.	Todas (A)	Algunas(B)	Ninguna (C)
3-Uso de Barrera Fisica	Siempre (A)	A veces (B)	Nunca(C)
4-Uso de Barrera Quimica	Siempre (A)	A veces (B)	Nunca(C)
5-Uso de Barreras Biologicas	Si la tiene (A)	No la tiene(B)	Desconoce (C)
6- Manejo de residuos comunes	Siempre (A)	A veces (B)	Nunca(C)
7- Manejo de residuos Biologicos- Cortopunzantes	Siempre (A)	A veces (B)	Nunca(C)
8-Manejo de residuos especiales	Siempre (A)	A veces (B)	Nunca(C)
9- Conocimiento de protocolos	Existe (A)	No existe (B)	Desconoce(C)

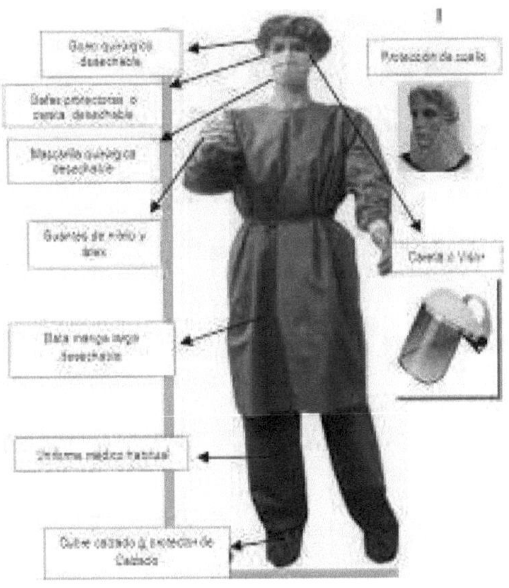

SIMBOLOS

RECYCLABLE
BIODEGRADABLE
RENEWABLE RESOURCE
Símbolo de Riesgo Biológico
ATENCION O
IMPORTANTE
PELIGRO
PRODUCTOS
TOXICOS
Símbolos de Riesgo Radiactivo

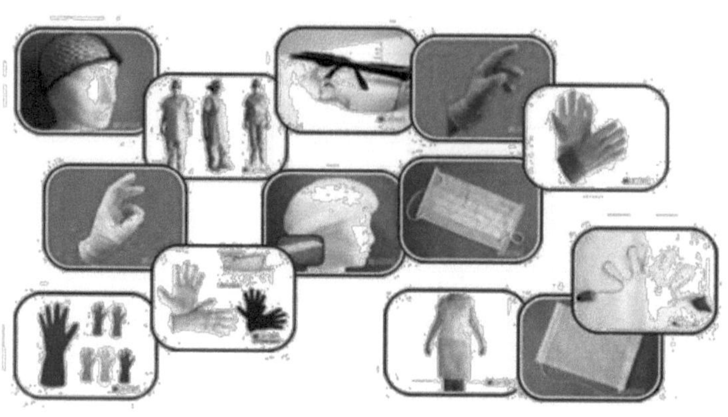

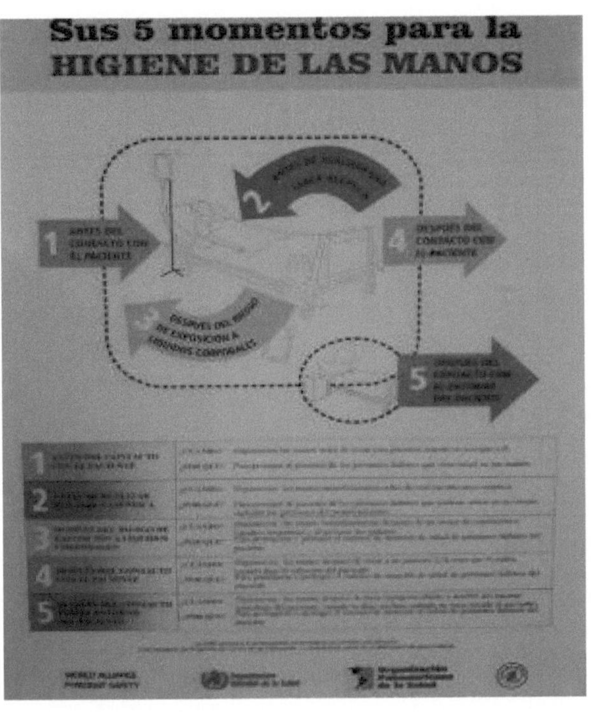

Sus 5 momentos para la
HIGIENE DE LAS MANOS

Comité de Infecciones Hospital Marcial Quiroga

Precauciones basadas en la transmisión de contacto:

Para organismos de significancia epidemiologica, transmitida por contacto directo : germenes multiresitentes (enterococo vancomicina resistente EVR, SAMR, gérmenes con resistencia a carbapenemes, **Clostridium diffficile** en pacientes incontinentes, shigelosis,hepatitis A, rotavirus, virus sincicial respiratorio, impétigo y fiebres hemarrágicas virales.

Recomendación: Habitación privada, uso de guantes y camisolín, agente antiséptico para el lavado de manos, equipo de atención del paciente exclusivo, por ej. : estetoscopio, termómetro, orinales, tensiómetro, etc), y limpieza profunda de la unidad una vez por turno.

Precauciones de aire:

Para pequeñas partículas (menores a 5 micrones) que permanecen suspendidas en el aire y se mantienen en la habitación o en grandes salas.
Las enfermedades que generan estas partículas son: sarampión, varicela y tuberculosis pulmonar.

Recomendación: Aislamiento Respiratorio con Barbijo de alta eficiencia (N95). Habitación privada

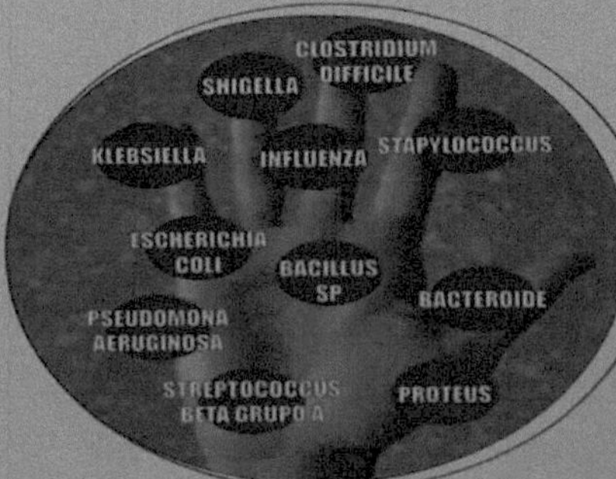

Precauciones por gotitas:

Precauciones por gotitas
Para grandes partículas (mayores a 5 micrones) que requieren para ser transmitidas contacto cercano con el paciente (menos de 1 metro) o sus secreciones.

Las enfermedades que generan estas partículas son: rubeola, difteria, influenza, paperas, neumonía por mycoplasma, pertusis, estreptococo grupo A en niños.

Recomendación: Barbijo quirúrgico para contacto dentro de un 1 metro de la unidad y uso de guantes.

Comité de Infecciones Hospital Marcial Quiroga

Manejo correcto de Residuos Hospitalarios

Residuos Hospitalarios

Residuos Comunes

1-Provenientes de la administración
2- Papeles, cartones etc
3-Envoltorios
4- Restos de comidas del personal de salud y familiares de pacientes.

Descartar en Bolsas Negras

Residuos Patológicos

1.Cultivos de Laboratorio
2.Restos orgánicos provenientes de Quirófano, Hemodiálisis, Hemoterapia, Anatomía Patológica, Morgue.
3.Algodones, gasas, vendas usadas, elementos que hayan estado en contacto con agentes patogénicos.
4.Descartadores de cortopunzantes y vidrios
5. Todos los residuos, cualesquiera sean sus características que se generen en áreas de riesgo infectocontagioso

Descartar en Bolsas Rojas

Residuos Especiales

Son los quimicos, radioactivos, farmacéuticos y líquidos inflamables, tienen un contenedor adecuado al riesgo, con identificaron de contenido.

Descartar en Bolsas Amarillas

Esta Prohibido el traspaso de residuos de una bolsa a otra.
No circule con elementos punzantes o residuos patológicos en sus manos acerque los contenedores

yes
I want morebooks!

Buy your books fast and straightforward online - at one of world's fastest growing online book stores! Environmentally sound due to Print-on-Demand technologies.

Buy your books online at
www.morebooks.shop

¡Compre sus libros rápido y directo en internet, en una de las librerías en línea con mayor crecimiento en el mundo! Producción que protege el medio ambiente a través de las tecnologías de impresión bajo demanda.

Compre sus libros online en
www.morebooks.shop

KS OmniScriptum Publishing
Brivibas gatve 197
LV-1039 Riga, Latvia
Telefax: +371 686 204 55

info@omniscriptum.com
www.omniscriptum.com

Printed by Books on Demand GmbH, Norderstedt / Germany